Hamza Kheddar

Etude comparative de méthodes de PLC en VoIP

Hamza Kheddar

Etude comparative de méthodes de PLC en VoIP

Comparaison entre Codage par Description Multiple et différents méthodes d'entrelacement

Presses Académiques Francophones

Impressum / Mentions légales

Bibliografische Information der Deutschen Nationalbibliothek: Die Deutsche Nationalbibliothek verzeichnet diese Publikation in der Deutschen Nationalbibliografie; detaillierte bibliografische Daten sind im Internet über http://dnb.d-nb.de abrufbar.

Alle in diesem Buch genannten Marken und Produktnamen unterliegen warenzeichen-, marken- oder patentrechtlichem Schutz bzw. sind Warenzeichen oder eingetragene Warenzeichen der jeweiligen Inhaber. Die Wiedergabe von Marken, Produktnamen, Gebrauchsnamen, Handelsnamen, Warenbezeichnungen u.s.w. in diesem Werk berechtigt auch ohne besondere Kennzeichnung nicht zu der Annahme, dass solche Namen im Sinne der Warenzeichen- und Markenschutzgesetzgebung als frei zu betrachten wären und daher von jedermann benutzt werden dürften.

Information bibliographique publiée par la Deutsche Nationalbibliothek: La Deutsche Nationalbibliothek inscrit cette publication à la Deutsche Nationalbibliografie; des données bibliographiques détaillées sont disponibles sur internet à l'adresse http://dnb.d-nb.de.

Toutes marques et noms de produits mentionnés dans ce livre demeurent sous la protection des marques, des marques déposées et des brevets, et sont des marques ou des marques déposées de leurs détenteurs respectifs. L'utilisation des marques, noms de produits, noms communs, noms commerciaux, descriptions de produits, etc, même sans qu'ils soient mentionnés de façon particulière dans ce livre ne signifie en aucune façon que ces noms peuvent être utilisés sans restriction à l'égard de la législation pour la protection des marques et des marques déposées et pourraient donc être utilisés par quiconque.

Coverbild / Photo de couverture: www.ingimage.com

Verlag / Editeur:
Presses Académiques Francophones
ist ein Imprint der / est une marque déposée de
OmniScriptum GmbH & Co. KG
Heinrich-Böcking-Str. 6-8, 66121 Saarbrücken, Deutschland / Allemagne
Email: info@presses-academiques.com

Herstellung: siehe letzte Seite /
Impression: voir la dernière page
ISBN: 978-3-8381-4209-8

Copyright / Droit d'auteur © 2014 OmniScriptum GmbH & Co. KG
Alle Rechte vorbehalten. / Tous droits réservés. Saarbrücken 2014

Dédicaces

A mes chers parents, à toute ma famille et tous mes amis.

Remerciements

Mes remerciements vont tout d'abord à Mr Bachir BOUDRAA, professeur à la Faculté d'Electronique et d'Informatique de l'USTHB, qui a suivi et dirigé d'une façon continue mes travaux de recherche, pour la confiance qu'il m'a témoignée, pour la patience et la gentillesse qu'il a manifestées à mon égard, pour son encouragement et son soutien moral. Je lui exprime ma profonde gratitude pour son effort à organiser la soutenance de ma mémoire avec un Jury d'experts.

J'exprime mes remerciements aux membres laboratoire LCPTS (équipe codage des signaux) et à la Faculté d'Electronique et d'Informatique de l'USTHB pour m'avoir accueilli et offert un environnement de travail adéquat. Je remercie également l'ensemble des membres du l'équipe pour m'avoir aidé chacun à sa façon.

J'adresse mes vifs remerciements à Monsieur Halim SAYOUD, Professeur à la Faculté d'Electronique et d'Informatique de l'USTHB, pour l'honneur qu'il me fait de présider ce jury.

J'adresse mes remerciements à Monsieur Hocine TEFFAHI, Professeur à la Faculté d'Electronique et d'Informatique de l'USTHB, pour l'honneur qu'il me fait en acceptant de participer à ce jury.

J'adresse aussi mes remerciements à Madame Leila FALEK, Maître de Conférences à la Faculté d'Electronique et d'Informatique de l'USTHB, pour l'honneur qu'elle me fait en acceptant de participer à ce jury.

Enfin, j'exprime toute ma gratitude à ceux qui, de près ou de loin, chacun à sa manière, ont contribué à l'élaboration de mémoire.

Table de matière

Dédicaces i
Remerciements ii
Table de matière iii
List des figures vi
List des tableaux viii
Abréviations x
Introduction générale 1

CHAPITRE I : Généralités sur la voix sur IP (VoIP) et sur les techniques de masquage des paquets perdus 3
Introduction 3
I.1. Définition de la VoIP 3
I.2. Différrents types de téléphonie IP 4
I.3. Composantes du réseau VoIP 4
    I.3.1. *Signalisation* 4
        - Signalisation par CCITT N° 7(SS7) et le SIGTRAN 5
        - Signalisation par H.323 5
        - Signalisation par SIP 6
    I.3.2. *Codeurs de Voix* 6
    I.3.3. *Transports* 7
        - Le protocole RTP 7
        - Le protocole RTCP 8
        - Transmission en mode paquet 8
    I.3.4. *Passerelle de Control* 9
I.4. Qualité de service (QoS) de VoIP 10
    I.4.1. *La gigue* 10
    I.4.2. *Le temps de Latence* 11
    I.4.3. *Les erreurs binaires* 12
    I.4.4. *L'écho* 12
    I.4.5. *Les perte de paquets* 12
I.5 Techniques de masquage des paquets perdus dans la VOIP 13
    I.5.1. *Masquage basé sur l'émetteur* 14
        - La requête de répétition automatique (ARQ) 14
        - La correction d'erreurs en aval (FEC) 14
        - La Protection à niveau inégal 16
        - L'entrelacement 17

I.5.2. Masquage basé sur le récepteur 18
  - L'insertion 19
  - L'alignement temporel (Pattern matching) 20
  - L'interpolation 21
  - La régénération 22
Conclusion 23

CHAPITRE II : Le codage CELP et le codage MELP 24
Introduction 24
II.1. Le codeur CELP 24
  II.1.1. *Caractéristiques du codeur CELP* 25
  II.1.2. *Principe de fonctionnement de codeur CELP* 25
  II.1.3. *Limitation du codeur CELP pour le codage à bas débit* 27
II.2. Le codeur MELP 27
  II.2.1. *Principe du codeur MELP* 28
  II.2.2. *L'encodeur MELP* 29
  II.2.3. *Quantification des paramètres des codeurs MELP à 2.4 et 1.2 kbps* 30
    - *Quantification des coefficients LSF* 30
    - *Quantification du pitch* 31
    - *Quantification du gain* 32
    - *Quantification du voisement* 33
    - *Quantification des amplitudes de Fourier* 33
  II.2.4. *Allocation des bits* 34
    - *Cas du codeur MELP à 2.4kbps* 34
    - *Cas du codeur MELP à 1.2kbps* 34
  II.2.5. *Décodeur MELP* 35
  II.2.6. *Atténuation du bruit* 36
  II.2.7. *Génération d'une excitation mixte* 36
  II.2.8. *Amélioration spectrale adaptative et ajustement du gain* 37
  II.2.9. *Filtrage de dispersion* 38
Conclusion 39

CHAPITRE III : Entrelacement et MDC 40
Introduction 40
III.1. L'entrelacement 40
  III.1.1. *Définition* 40
  III.1.2. *Entrelaceur convolutif* 42
  III.1.3. *Entrelaceur convolutif décorrélé* 42
  III.1.4. *Entrelaceurs optimaux de blocs de propagation* 44

III.1.5. *Entrelaceur par groupement* 45
III.2. Codage par description multiple (MDC) 46
  III.2.1. *Définition* 46
  III.2.2. *Codage par descriptions multiples basé sur des transformations(MDTC)* .. 46
    - *Codage par descriptions multiples basées sur les trames* 47
    - *Technique de recouvrement des trames perdues* 47
  III.2.3. *Format d'un paquet* 47
Conclusion 51

CHAPITRE IV: Etude Comparative entre l'entrelacement et la MDC. Résultats et évaluations
.... 52
Introduction 52
IV.1. Evaluation de la qualité perceptuelle de la parole 52
  IV.1.1. *Evaluation perceptuelle de la qualité vocale (PESQ)* 53
IV.2. Description des signaux de parole utilisés dans les tests 54
IV.3. Evaluation des codeurs MELP implémentés 54
IV.4. Déroulement de tests 54
IV.5. Résultats d'implémentations, sur un exemple du signal de parole 55
  - *Implémentation de l'entrelaceur convolutif décorrélé* 56
  - *Implémentation de l'entrelaceur convolutif* 58
  - *Implémentation de la méthode d'entrelacement par groupement* 60
  - *Implémentation de l'entrelaceur optimal de bloc de propagation* 62

IV.6. Performances du codeur MELP 2.4 pour des différents types d'entrelacement 64
  - *Interprétations des résultats* 67
IV.7. Comparaison entre l'entrelacement et la MDC 70
  - *Interprétations des résultats* 73
Conclusion 74

Conclusion générale 75
Bibliographie 77
Résumé 81

Liste des figures

Figure I.1 : *Configurations hardware possibles pour la téléphonie sur IP* 4
Figure I.2 : *Architecture des protocoles selon H.323.* 6
Figure I.3 : *Architecture des protocoles selon SIP* 6
Figure I.4: *Schéma synoptique de transmission de la voix en mode paquets.* 9
Figure I.5: *Les contraintes de la VoIP* 10
Figure I.6: *Délais causés lors d'une transmission par paquet* 11
Figure I.7: *Les techniques de masquage des paquets perdus* 13
Figure I.8: *Exemple de FEC indépendant du média avec k=3 et h=2.* 15
Figure I.9: *FEC spécifique au média.* 16
Figure I.10: *Exemple d'entrelacement* 18
Figure I.11: *Masquage par répétition.* 20
Figure I.12: *Masquage par l'alignement temporel.* 20
Figure I.13: *Masquage basé sur la modification de l'échelle de temps.* 21
Figure II.1: *Codeur CELP.* 25
Figure II.2: *Schéma de base du codeur MELP* 29
Figure II.3: *Schéma synoptique du décodeur MELP* 35
Figure II.4: *Schéma d'un générateur d'excitation mixte.* 37
Figure III.1: *Les étapes de codage et traitement du signal parole avec l'entrelacement* 40
Figure III.2: *Entrelaceur convolutif de degré d=4.* 42
Figure III.3: *Entrelaceur convolutif décorrélé de taille d=4 et pour une permutation P= {1, 3, 0,2}* 43
Figure III.4: *Rotation de buffer par 90° dans le sens antihoraire* 44
Figure III.5: *Processus d'entrelacement par groupement avec M = 3, L=2* 45
Figure III.6: *Schéma synoptique de notre paquétisation utilisant 2 descriptions...* 48
Figure III.7: *Processus de recouvrement de paquets basé sur la MDC...* 50
Figure IV.1: *Schéma synoptique permettant l'estimation la distance perceptuelle PESQ..* 53
Figure IV.2: *Schéma de la simulation.* 55
Figure IV.3: *Résultats obtenus par l'entrelaceur convolutif décorrélé sur phrase « نمنم ماء اليوم ».* 56
Figure IV.4.a: *Résultats obtenus par l'entrelaceur convolutif décorrélé lorsqu'on a un paquet perdu....* 57
Figure IV.4.b: *Résultats obtenus par l'entrelaceur convolutif décorrélé lorsqu'on a deux paquets consécutifs perdus* 57
Figure IV.4.c: *Résultats obtenus par l'entrelaceur convolutif décorrélé lorsqu'on a trois paquets consécutifs perdus...* 58
Figure IV.5.a: *Résultats obtenus par l'entrelaceur convolutif lorsqu'on a un paquet perdu....* 59

Figure IV.5.b: *Résultats obtenus par l'entrelaceur convolutif lorsqu'on a deux paquets consécutifs perdus..* 59

Figure IV.5.c: *Résultats obtenus par l'entrelaceur convolutif lorsqu'on a trois paquets consécutifs perdus....* 60

Figure IV.6.a: *Résultats obtenus par entrelacement par groupement lorsqu'on a un paquet perdu....* 61

Figure IV.6.b: *Résultats obtenus par entrelacement par groupement lorsqu'on a deux paquets consécutifs perdus..* 61

Figure IV.6.c: *Résultats obtenus par entrelacement par groupement lorsqu'on a trois paquets consécutifs perdus...* 62

Figure IV.7.a: *Résultats obtenus par l'entrelaceur optimal de blocs de propagation lorsqu'on a un paquet perdu....* 63

Figure IV.7.b: *Résultats obtenus par l'entrelaceur optimal de blocs de propagation lorsqu'on a deux paquets consécutifs perdus...* 63

Figure IV.7.c: *Résultats obtenus par l'entrelaceur optimal de blocs de propagation lorsqu'on a trois paquets consécutifs perdus...* 64

Figure IV.8: *Evolution des PESQ obtenus par le MELP 2.4 avant et après application des techniques d'entrelacement, pour différents taux de perte pour des locuteurs masculins...* 66

Figure IV.9: *Evolution des PESQ obtenus par le MELP 2.4 avant et après application des techniques d'entrelacement, pour différents taux de perte pour des locutrices....* 66

Figure IV.10: *Evolution des PESQ obtenus par le MELP 2.4 avant et après application des techniques d'entrelacement, pour différents taux de perte pour des locuteurs et locutrices.* 67

Figure IV.11: *Evolution des PESQ obtenus par le MELP 2.4 avant et après application des techniques MDC et entrelacement, pour différents taux de perte pour des locuteurs..* 71

Figure IV.12: *Evolution des PESQ obtenus par le MELP 2.4 avant et après application des techniques MDC et entrelacement, pour différents taux de perte pour des locutrices....* 72

Figure IV.13: *PESQ obtenu par le MELP avant et après application des techniques MDC et entrelacement, pour différents taux de perte dans le cas des locuteurs et locutrices.* 72

Liste des tableaux

Tableau I.1 : *Caractéristiques des Codeurs de la voix utilisé dans VoIP* 7

Tableau I.2 : *Délais requis pour la VoIP en fonction de la classe d'appartenance* 11

Tableau I.3 : *Avantages et inconvénient de FEC indépendant au média.* 15

Tableau.I.4.a: *Entête UDP* 17

Tableau.I.4.b: *Entête UDP-lite* 17

Tableau II.1: *Caractéristiques techniques du codeur CELP.* 25

Tableau II.2: *Caractéristiques techniques du codeur MELP* 28

Tableau II.3: *Allocation des bits pour la quantification des LSF pour le codeur MELP à 1.2 kbps* 31

Tableau II.4: *Allocation des bits pour la quantification du pitch pour le codeur MELP à 1.2 kbps* 32

Tableau.II.5: *Table d'allocation des bits des codeurs MELP de 2.4 kbps et 1.2kbps* 34

Tableau III.1: *Exemple d'entrelacement convolutif d'une séquence de N=16* 42

Tableau III.2: *Exemple d'entrelacement convolutif décorrélé d'une séquence de N=16 et pour une permutation P = {1 3 0 2}.* 43

Tableau III.3: *Exemple d'entrelaceur optimal de bloc de propagation d'une séquence de N=16* 44

Tableau IV.1: *Limites des évaluations de la qualité de parole selon la recommandation P.862.* 53

Tableau IV.2: *Résultats des tests objectifs de deux codeurs MELP 2.4 kbps et 1.2.kbps* 54

Tableau IV.3: *Résultats de simulation de l'entrelaceur convolutif décorrélé* 56

Tableau IV.4: *Résultats de simulation de l'entrelaceur convolutif.* 58

Tableau IV.5: *Résultats de simulation de la méthode d'entrelacement par groupement* 60

Tableau IV.6: *Résultats de simulation de l'entrelaceur optimal de bloc de propagation.* 62

Tableau IV.7: *PESQ obtenu par le MELP 2.4 avant et après application des techniques d'entrelacement, pour différents taux de perte et pour les locuteurs masculins.* 65

Tableau IV.8: *PESQ obtenu par le MELP 2.4 avant et après application des techniques d'entrelacement, pour différents taux de perte et pour des locutrices.* 65

Tableau IV.9: *PESQ obtenu par le MELP 2.4 avant et après application des techniques d'entrelacement, pour différents taux de perte et pour le cas combiné des locuteurs et locutrices* 65

Tableau IV.10: *Amélioration du PESQ obtenu pour le MELP 2.4 kbps par l'utilisation des techniques d'entrelacement, par rapport au MELP 2.4 kbps sans correction dans le cas des locuteurs masculins..* 69

Tableau IV.11: *Amélioration du PESQ pour le MELP 2.4 kbps utilisant les techniques d'entrelacement, comparativement au MELP 2.4 kbps sans amélioration pour des locutrices...* 69

Tableau IV.12: *Amélioration du PESQ pour le MELP 2.4 kbps utilisant les techniques d'entrelacement, comparativement au MELP 2.4 kbps sans amélioration pour des locuteurs et locutrices.* 69

Tableau IV.13: *PESQ obtenu par le MELP avant et après application des techniques MDC et entrelacement, pour différents taux de perte dans le cas des locuteurs masculins*..........70

Tableau IV.14: *PESQ obtenu par le MELP avant et après application des techniques MDC et entrelacement, pour différents taux de perte dans le cas des locutrices*..........70

Tableau IV.15: *Evolution du PESQ obtenu par le MELP avant et après application de la technique MDC et entrelacement, pour différents taux de perte dans le cas des locuteurs et locutrices*..........71

Abréviations

ACELP : Algebric CELP (prédiction linéaire excite par les séquences codées à structure algébrique).
ADSL : Asynchronous Digital Subscriber Line.
ADPCM : Adaptative Pulse Code Modulation.
ARQ : Automatic Repeat Request.
CELP : Code Excited Linear Prediction (prédiction linéaire avec excitation par code)
CCITT : Comité Consultatif International pour la Téléphonie et la Télégraphie
DDVPC : Défense Digital Voice Processor Consortium.
DoD : Department of Defense
DSP : Digital Signal Processing
HTTP : Hybrid Text Transport Protocol.
IAP : Internet Access Provider.
IETF : Internet Engineering Task Force
IP : Internet Protocole
ITU : International Telecommunication Union.
iLBC : Internet Low Bit Rate
GSM : Global System for Mobile.
FEC : Forward Error Correction
FFT : Fast Fourier Transform
LD-CELP : Low-delay CELP (CELP à délai réduit)
LP : Linear Prediction (Prédiction Linéaire)
LPAS : Linear Prediction Analysis by Synthesis.
LPC : Linear Predictive Coding (Codage de prédiction linéaire)
LSF : Line Spectral Frequencies (Fréquences de raies spectrales)
LTP : Long-Term Prediction (Prédiction à Long Terme)
MELP : Mixed Excitation Linear Prediction (Excitation Mixte Prediction Linéaire)
MDC : Multiple Discription Coding.
MDTC : Multiple Discription Transformtion Coding.
MOS : Mean Opinion Score

MSVQ	: Multistage vector quantization
MPE	: Multi-Pulse Excitation.
OSI	: Open Standard Interchange.
PABX	: Public Bridge Exchange.
PC	: Personal computer.
PCM	: Pulse Code Modulation.
PESQ	: Perceptual Evaluation of Speech Quality
PLC	: Packet Loss Concealment
PWR	: Pitch Waveform Replication.
RAS	: Registration, Admission and Status.
RFC	: Request For Comments
RNIS	: Réseau Numérique à Intégration de Service.
RSB	: Rapport Signal sur Bruit
RSVP	: Resource reservation protocol.
RTC	: Réseau Téléphonie Commuté.
RTCP	: Real Time Control Protocol
RTP	: Real Time Transport Protocol
SIGTRAN	: Signaling Transport protocol.
SS7	: Signaling System 7.
ToIP	: Téléphonie sur IP
TCP	: Transport control protocol.
TSM	: Time Scale Modification
QoS	: Quality of Service.
QS	: Quantification scalaire.
UDP	: User Datagram Protocol.
UEP	: Unequal Error Protection (Protection inégale contre les erreurs)
ULP	: Uneven Level Protection
VoIP	: Voice over IP
V/UV	: Voiced /Unvoiced
VQ	: Vector quantization

Introduction générale

Dans les systèmes numériques modernes, le signal parole est représenté sous forme numérique (séquence d'éléments binaires, bits). Il est nécessaire de représenter le signal par un nombre minimum de bits possible. Ainsi, pour le stockage de données, réduire le nombre de bits signifie l'économie de la mémoire. Pour les transmissions, réduire le débit binaire permet d'économiser la bande passante. Il est donc nécessaire d'utiliser un algorithme efficace de compression de la voix. Le traitement qui permet d'effectuer une telle opération est appelé codage.

Le but de ce travail est d'utiliser un codeur LPC à excitation mixte (MELP) dans les applications de VoIP. Il s'agit d'un codeur fonctionnant à un débit de 2.4 kbps. Le choix de ce type de codage est d'assurer d'une part un débit plus faible comparativement au codeur CELP (LPC à excitation par codes) utilisé actuellement pour une telle transmission (8 kbps pour la norme G.729). D'autre part, le MELP permet d'assurer aussi une robustesse contre les pertes de paquets lors d'une transmission de la voix sur IP (VoIP).

Pour que la VoIP devienne une alternative crédible aux réseaux téléphoniques traditionnels (PSTN), le système VoIP doit offrir la même fiabilité et la même qualité de voix. Une bonne qualité de la Voix de bout-en-bout (end-to-end) dans les réseaux à commutation de paquets dépend principalement des facteurs dits facteurs de qualité de service (QoS). Ces facteurs ne sont pas garantis par le réseau Internet qui fournit un service d'acheminement des paquets avec un meilleur effort «Best-Effort». Parmi ces facteurs, nous pouvons citer le Codec de la voix, le retard de bout en bout, la gigue et la perte des paquets.

Dans un système VoIP, certains paquets peuvent manquer au niveau du récepteur, à cause des délais, de l'encombrement ou des erreurs de transfert. La perte de paquets dégrade la qualité de la voix et se traduit par des ruptures au niveau de la conversation et une impression de hachure de la parole. Il est, par conséquent, indispensable de mettre en place un mécanisme de dissimulation de perte de paquets. Plusieurs algorithmes de masquage de ces pertes, appelés aussi PLC (Packet Loss Concealment), sont utilisés aussi bien au niveau de l'émetteur qu'au niveau du récepteur.

L'entrelacement est appliqué sur le terminal et sert à permuter l'ordre dans lequel les vecteurs du dispositif sont paquetisés de sorte que les éclats de la perte soient distribués en plusieurs éclats plus courts. L'entrelacement devient une technique de masquage utile lorsque le délai de bout en bout aura une importance secondaire. En conséquence, les erreurs se produisant à moins d'un mot code peuvent être assez petites et imperceptibles pour le système auditif humain.

Dans le laboratoire de codage de l'institut d'électronique, il a été mis au point un codeur MELP pour la VoIP utilisant la méthode dite de *codage par description multiple (MDC)*, pour combattre les pertes de paquets et augmenter ainsi la robustesse des systèmes face à ces pertes. Cette multi-description contient dans un même paquet deux codeurs MELP à la fois. Le premier fonctionne à 2.4 kbps sert à obtenir une bonne qualité de la voix après une bonne transmission de voix. Le second est utilisé pour recouvrer les éventuelles pertes des paquets.

Notre travail consiste en l'amélioration du Codec MELP par l'implémentation de techniques de dissimulation des trames perdues basées sur le récepteur. Ces techniques consistent en *l'entrelacement* de trames d'information. Nous avons ensuite effectué une étude comparative des méthodes implémentées avec la méthode MDC déjà mise au point. L'évaluation comparative a été faite en utilisant une méthode dit PESQ (Perceptual Evaluation of Speech Quality).

Organisation du manuscrit

Ce mémoire s'articule autour de quatre chapitres.

Le **chapitre I** est consacré à une présentation des généralités de voix sur IP et aux mécanismes de masquage des paquets perdus.

Le **chapitre II** présentera le codeur CELP opérant à 4.8 kbps et deux codeurs MELP fonctionnant respectivement à 2.4 et 1.2 kbps.

Le **chapitre III** porte sur les théories de la méthode MDC et des techniques d'entrelacement.

Le **chapitre IV** sera consacré à l'évaluation du codeur MELP standard et à la simulation effectuée en utilisant l'entrelacement. Nous avons ensuite comparé les résultats obtenus avec ceux du MELP opérant avec une MDC. Nous avons à cet effet utilisé la méthode objective dite PESQ.

Enfin, nous terminons ce mémoire par une conclusion générale sur le travail accompli et nous donnons les perspectives futures qui peuvent enrichir ce travail.

CHAPITRE I
Généralités sur la voix sur IP (VoIP) et sur les techniques de masquage des paquets perdus

Introduction

Le développement rapide de l'internet et l'utilisation croissante des réseaux fondés sur le Protocole Internet (IP) pour les services de communication, y compris pour les applications, sont devenus des domaines importants pour l'industrie des télécommunications. La possibilité d'acheminer du trafic vocal et de la vidéo sur des réseaux IP et les avantages offerts, notamment au niveau de l'intégration voix-données telle que la téléphonie sur IP, constituent un point de convergence entre deux technologies: la commutation de circuits et la commutation de paquets.

La commutation par paquets gère l'acheminement des données sous la forme de paquets (ou datagrammes) IP. L'avantage principal d'un réseau à commutation de paquets réside dans le fait que le réseau n'est utilisé que lorsqu'il y a des données prêtes à être envoyées, et quand il n'y a aucune donnée en attente, la bande passante est alors disponible pour les autres utilisateurs du réseau.

Les réseaux à commutation de paquets sont par définition sans connexion, ce qui signifie qu'il n'y a aucun lien physique dédié entre l'expéditeur et le destinataire. Ceci signifie également que si deux paquets sont livrés de la même source à la même destination, ils peuvent tout à fait ne pas prendre le même itinéraire pour y arriver.

I.1. Définition de la VoIP

La VoIP (Voix over IP) est le terme décrivant le traitement visant à transformer la voix en données circulant sur des réseaux comme l'Internet. La voix est numérisée et convertie en paquets IP depuis l'application source (Soft-phone ou IP-phone). Le récepteur effectuera un traitement inverse afin de transformer les paquets IP en voix. [1].

La VoIP offre de nombreuses nouvelles possibilités et services aux opérateurs et utilisateurs qui bénéficient d'un réseau basé sur IP telles que : la réduction des coûts, les standards ouverts, l'interopérabilité multifournisseurs, le choix d'un service opéré : un réseau voix, vidéo et données

(Triple Play), un service PABX distribué ou centralisé, et évolution vers un réseau de téléphonie sur IP (ToIP).

I.2. Différents types de téléphonie IP

La VoIP peut être mise en œuvre de plusieurs manières. On donne à la figure I.1 quelques exemples de différents types de téléphonie IP (ToIP) [2]:
- Entre les ordinateurs ("PC à PC")
- Entre ordinateur et poste téléphonique ("PC à téléphone")
- Entre postes téléphoniques ("téléphone à téléphone")

Sur cette figure, on observe aussi les configurations hardwares possibles pour implémenter les déférents types de ToIP.

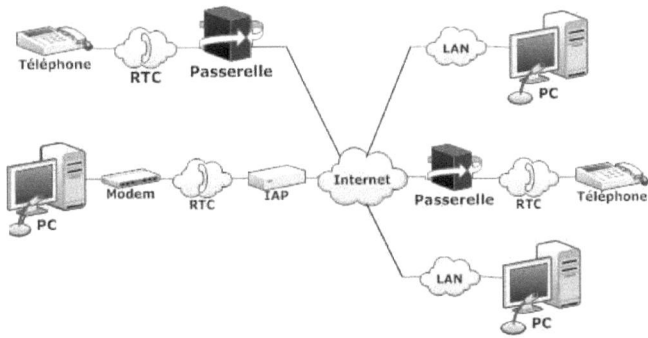

Fig. I.1. Configurations hardware possibles pour la téléphonie sur IP.

I.3. Composantes du réseau VoIP

Les exigences en matière de technologie globale d'un protocole Internet (IP) pour la solution de téléphonie peuvent être divisées en quatre catégories: la signalisation, le codage, le transport et la passerelle de contrôle [1].

I.3.1. Signalisation

La signalisation est indispensable pour établir une communication téléphonique. Elle permet dans un premier temps d'envoyer des messages avant la communication, d'avertir l'utilisateur et de connaître la progression de l'appel et enfin, de mettre un terme à la communication [1]. Parmi les protocoles de signalisation utilisées dans des applications VoIP on cite:

- **Signalisation par CCITT N°7 (SS7) et le SIGTRAN**

La signalisation par canal sémaphore CCITT N°7 ou en anglais SS7 (Signaling System 7), est un moyen d'échanger des informations entre les éléments du réseau de télécommunications. C'est une méthode de signalisation qui utilise la commutation de paquet. Son principe est de dissocier les voies de signalisation des voies de communication. En effet le canal sémaphore achemine sous la forme de messages appelés trames sémaphores, l'information de signalisation se rapportant à des circuits ou à des messages de gestion et de supervision. SS7 est une signalisation caractérisée par un débit de transmission élevé qui est de 56 ou 64 Kbits/s. Il est utilisé pour l'établissement d'appels basiques, leur gestion, et la libération de la ligne téléphonique dans le réseau RTC (Réseau Téléphonie Commuté) [1].

Les entreprises de télécommunications actuelles évoluent vers un réseau de commutation de paquets tout-IP. IP remplace les réseaux traditionnels de télécommunications. Pour cela, le protocole SIGTRAN est devenu un standard en 2001. Il est décrit dans les différents RFC (Request For Comments) existants sur le site de l'IETF (Internet Engineering Task Force). Il est utilisé pour le transport de messages de signalisation SS7 sur IP (SS7 over IP). Le SIGTRAN est la première étape de fusion des réseaux SS7 avec les réseaux IP [3].

- **Signalisation par H.323**

Avec H.323, l'UIT a spécifié un environnement complet de protocoles de communication multimédias pour les réseaux IP. L'interfonctionnement avec les autres réseaux est garantie car des standards apparentés ont été conçus : H.320 pour le RNIS (Réseau Numérique à Intégration de Service) et H.324 pour le réseau téléphonique analogique. H.323 est supporté par la quasi-totalité des constructeurs. Il est, pour cette raison, très largement utilisé comme protocole d'interfonctionnement.

Dans un environnement H.323, l'établissement de la communication est effectué au moyen du protocole Q.931, le même que dans le RNIS. Le protocole RAS (Registration, Admission and Status) sert à l'enregistrement des équipements terminaux et au contrôle d'admission à la communication. H.245 permet de commander les applications de bout en bout. Les applications de données (Fax,.., etc.) se servent de T.120, alors que l'audio et la vidéo disposent de plusieurs types de codecs [1, 4]. La figure I.2 résume ces protocoles selon le modèles OSI.

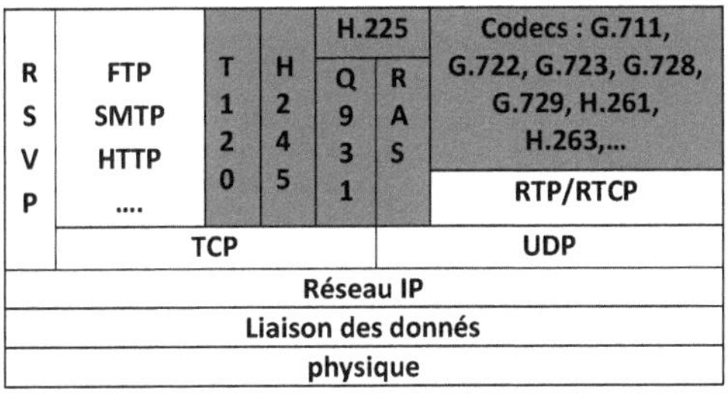

R	FTP	T	H	H.225		Codecs : G.711, G.722, G.723, G.728, G.729, H.261, H.263,...
S	SMTP	1	2	Q	R	
V	HTTP	2	4	9	A	
P	....	0	5	3	S	
				1		RTP/RTCP
		TCP				UDP
		Réseau IP				
		Liaison des donnés				
		physique				

Fig.1.2. Architecture des protocoles selon H.323.

- **Signalisation par SIP**

L'échange des messages de signalisation et de contrôle du protocole SIP (Session Initiation Protocol) défini par l'IETF, est effectué sous la forme de transactions. Il est apparenté au protocole HTTP. Une transaction est composée d'une requête et d'une réponse. Les requêtes sont toujours émises par un client et les réponses par un serveur. Cette même structure client-serveur va se retrouver dans les terminaux, le serveur d'enregistrement, le proxy et le serveur de redirection [1,4]. L'architecture en couches de SIP, telle que la présente le modèle OSI, incorpore les protocoles : RTP, RSVP, RTCP, RTP (figure I.3).

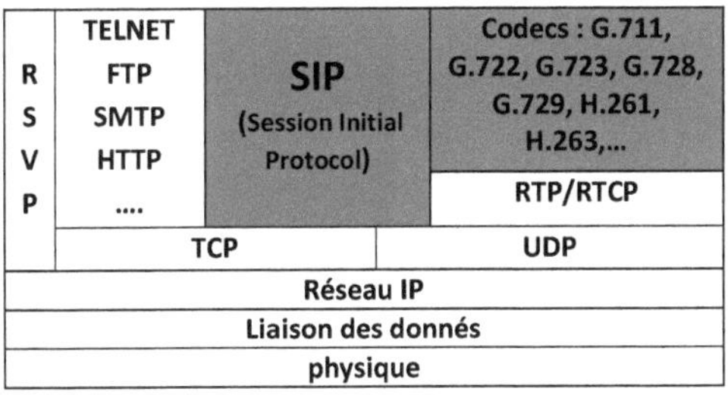

	TELNET		Codecs : G.711, G.722, G.723, G.728, G.729, H.261, H.263,...
R	FTP	SIP	
S	SMTP	(Session Initial	
V	HTTP	Protocol)	
P	....		RTP/RTCP
	TCP		UDP
	Réseau IP		
	Liaison des donnés		
	physique		

Fig.1.3. Architecture des protocoles selon SIP.

H.323 et SIP concurrencent pour obtenir la dominance de la signalisation de téléphonie d'IP. Toutefois, les normes semblent évoluer de telle sorte que les meilleures caractéristiques de l'un sont mises en œuvre dans l'autre protocole [1].

I.3.2. Codeurs de Voix

Le codec consiste à compresser la parole afin de réduire le débit émis et favoriser ainsi le transfert de données en temps réel. Le codec influe directement sur trois facteurs primordiaux dans une communication VoIP : le débit, le délai et le niveau de qualité de la parole. Le débit est lié au taux de compression de la parole. Le délai de traitement dépend généralement de la complexité des algorithmes utilisés. La qualité de la parole est liée aux techniques de quantification et de prédiction utilisées.

Le Codec ne peut pas satisfaire ces facteurs en même temps, en effet, selon la loi de distorsion de Shannon, la réduction du débit implique automatiquement une dégradation de la qualité de la parole, ainsi, la conception d'un codeur à faible débit nécessite une haute complexité.

Donc le choix du Codec est un compromis entre le débit, le délai et la qualité de la parole. En conclusion, un Codec optimal est celui qui offre un débit minimum avec une meilleure qualité de voix et ce pour un délai de calcul minimum. Les principaux codeurs officiels utilisés dans la transmission de la voix sur le réseau IP sont donnés au tableau I.1.

Tab. I.1. Caractéristiques des Codeurs de la voix utilisés dans VoIP [5].

Codeurs	Débit binaire (kbps)	Délai de codage (ms)	MOS ou Qualité auditive perçue
G.711 PCM	64	0,125	4,1
G.726 ADPCM	32	0,125	3,85
G.728 LD-CELP	15	0,125	3,61
G.729 CS-ACELP	8	10	3,92
G.729a CS-ACELP	8	10	3.7
G.723.1 MP-MLQ	6.3	30	3,9
G.723.1 ACELP	5.3	30	3,65
iLBC Freeware	15.2 13.3	0.125 10	3.9

I.3.3. Transports

Une fois la signalisation et l'encodage réalisés, Real-time Transport Protocol (RTP) et Real-Time Control Protocol (RTCP) sont utilisés. Ceux-ci peuvent utiliser aussi bien le mode Unicast (point à point) que le mode Multicast (multipoint) [1].

- *Le protocole RTP*

Le groupe de l'IETF a développé en 1993 le protocole de transport en temps réel (RTP, RFC 1889) dont le but est de transmettre sur Internet des données (audio, vidéo et data) qui ont des propriétés temps réel. C'est un protocole de la couche application du modèle OSI qui utilise les protocoles de transport TCP ou UDP, mais, généralement, il utilise UDP qui est mieux approprié à ce genre de transmission.

Le rôle principal de RTP consiste de reconstituer la base de temps des flux (horodatage des paquets et possibilité de resynchronisation des flux par le récepteur), de détecter les pertes de paquets et d'en informer éventuellement la source ou encore d'identifier le contenu des données pour leur associer un transport sécurisé [6].

- *Le protocole RTCP*

RTCP (Real Time Control Protocol, RFC 1889) est un protocole de contrôle utilisé conjointement avec RTP, il permet de contrôler le flux RTP, et de véhiculer périodiquement des informations de bout en bout pour renseigner sur la qualité de service de la session de chaque participant. Des quantités telles que le délai, la gigue, les paquets reçus et perdus sont très importantes pour évaluer la qualité de service de toute transmission et réception en temps réel [6].

- *Transmission en mode paquet*

Après le codage et la division en paquets de l'information binaire au niveau du transmetteur, les paquets contenant la voix sont expédiés à travers le réseau. Les paquets de VoIP interagissent dans le réseau avec les paquets d'autres applications qui sont routées par des connexions partagées vers leur destination. Le transfert de paquets, passe par l'une des deux techniques qui sont la commutation ou le routage. Dans le routage, les paquets d'un même client peuvent prendre des routes différentes, tandis que, dans la commutation, tous les paquets d'un même client suivent un chemin déterminé à l'avance.

A l'arrivée, les paquets seront réassemblés et décodés. Le décodage peut être suivi par d'autres étapes. La plus typique est la compensation de la gigue. D'autres exemples sont la correction d'erreurs et la dissimulation de perte de paquets. Le flux de données numériques est ensuite converti dans une forme analogique et reçu sur un dispositif de sortie, typiquement un haut-parleur. A noter que pour la communication VoIP, qui est bidirectionnelle, la même route existe en direction opposée. La figure I.4 décrit les étapes de la transmission de la voix sur IP en mode paquets.

Dans ce schéma, la bande voix qui est un signal électrique analogique utilisant une bande de fréquence de [300 à 3400 Hz], est d'abord échantillonnée numériquement par un convertisseur et codée sur 8 bits. Par la suite, elle est compressée par les codeurs (utilisant des processeurs DSP) selon une certaine norme de compression variable selon les codeurs utilisés. Ensuite, on peut éventuellement supprimer les pauses de silences observés lors d'une conversation, pour ensuite ajouter les en-têtes RTP, UDP et enfin IP. Une fois que la voix est transformée en paquets IP, ceux-ci sont identifiés et numérotés et peuvent transiter sur n'importe quel réseau IP (ADSL, Ethernet, Satellite, Switchers, PC, Wifi, etc.).

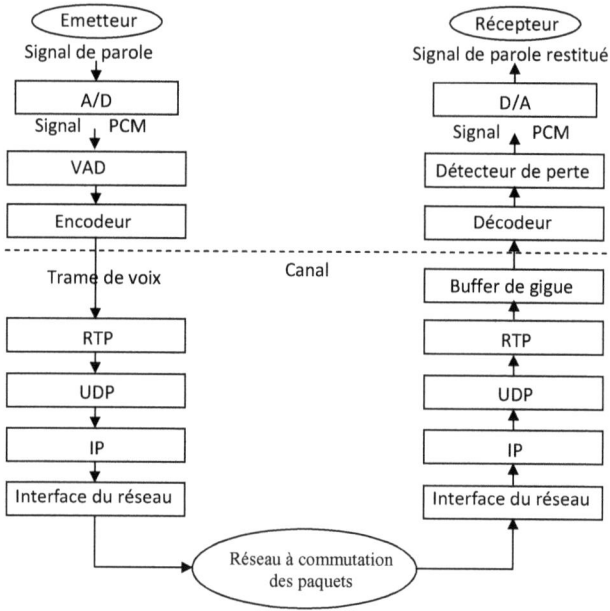

Fig. I.4. Schéma synoptique de transmission de la voix en mode paquets.

I.3.4. Passerelle de Control

La convergence voix-données étant accomplie à travers le protocole IP supporté par tous les réseaux existants, la téléphonie IP ne requiert alors pas beaucoup d'investissements. Dans un système de communication traditionnel, le réseau local Internet (LAN : Local Area Network) et le réseau téléphonique sont entièrement distincts alors que dans un système convergent voix-données, la commutation LAN se situe au cœur de l'architecture. Dans ce cas les passerelles sont responsables de la conversion des formats audio à base de paquets en protocoles (format) compréhensibles par les systèmes RTC ou RNIS. Ceci permet à l'ensemble des éléments qui composent l'architecture convergente d'échanger des informations. L'homogénéisation des réseaux est donc à mettre en avant. La convergence permet en effet l'élimination de coûts multiples liés à l'infrastructure, à l'administration et à la maintenance. Elle réduit, de ce fait, les coûts des réseaux dédiés et d'expansion du système [1,4].

I.4. Qualité de service (QoS) de VoIP

La qualité de service (QoS) correspond à l'ensemble des méthodes ou processus qu'une organisation de services met en œuvre pour maintenir un niveau de qualité précis. Nous pouvons aussi considérer la qualité de service comme étant un ensemble de contraintes que le réseau doit respecter pour offrir un niveau de service approprié à la transmission des données. Ces contraintes sont axées sur le débit, le délai et le taux de perte de paquets [6,7]. La figue I.5 schématise ces contraints.

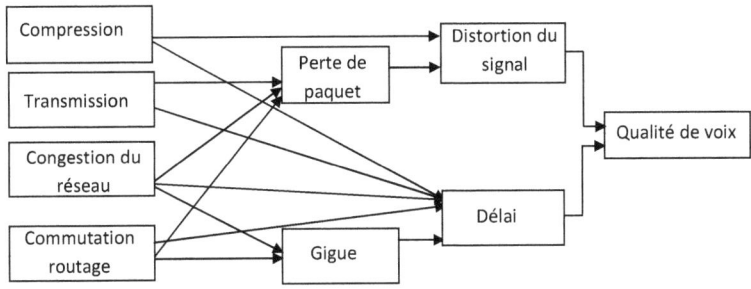

Fig. I.5. Les contraintes de la VoIP.

I.4.1. La gigue

La gigue est la variance statistique du délai de transmission. En d'autres termes, elle mesure la variation temporelle entre le moment où deux paquets auraient dû arriver et le moment de leur arrivée effective. Cette irrégularité d'arrivée des paquets est due à de multiples raisons telles que:
- la charge du réseau à un instant donné
- la variation des chemins empruntés dans le réseau.

Pour compenser la gigue, on utilise généralement des mémoires tampons (buffer de gigue) qui permettent de lisser l'irrégularité des paquets. Malheureusement ces paquets présentent l'inconvénient de rallonger d'autant le temps de traversée global du système. Leur taille doit donc être soigneusement définie, et si possible adaptée de manière dynamique aux conditions du réseau. La dégradation de la qualité de service due à la présence de la gigue, se traduit en fait, par une combinaison des deux facteurs cités précédemment: le délai et la perte de paquets; puisque d'une part on introduit un délai supplémentaire de traitement (buffer de gigue) lorsque l'on décide d'attendre les paquets qui arrivent en retard et que, d'autre part, on finit tout de même par la perte de certains paquets lorsque ceux-ci ont un retard qui dépasse le délai maximum autorisé par le buffer.

I.4.2. Le temps de Latence

La maîtrise du délai de transmission est un élément essentiel pour bénéficier d'un véritable mode conversationnel et minimiser la perception d'écho (similaire aux désagréments causés par les conversations par satellites, désormais largement remplacées par les câbles pour ce type d'usage). Or la durée de traversée d'un réseau IP dépend de nombreux facteurs (figure I.6) [8] :

- Le débit de transmission sur chaque lien.
- Le nombre d'éléments des réseaux traversés.
- Le temps de traversée de chaque élément, qui est lui même fonction de la puissance et de la charge de ce dernier, du temps de mise en file d'attente des paquets, et du temps d'accès en sortie de l'élément.
- Le délai de propagation de l'information, facteur non négligeable si on communique d'un continent à l'autre.
- Le temps de codage et de mise en paquets de la voix.

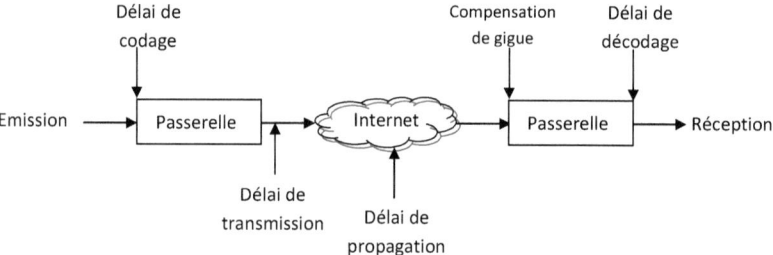

Fig. I.6. Délais causés lors d'une transmission par paquet [6].

Les chiffres donnés au tableau I.2 (tirés de la recommandation UIT-T G114) [8], sont donnés à titre indicatif pour préciser les classes de la qualité et l'interactivité en fonction du retard de transmission dans une conversation téléphonique. Ces chiffres concernent le délai total de traitement, et pas uniquement le temps de transmission de l'information sur le réseau.

Tab. I.2. Délais requis pour la VoIP en fonction de la classe d'appartenance.

Classe n°	Délai	Commentaire
1	0 à 150 ms	Acceptable pour la plupart des conversations.
2	150 à 300 ms	Acceptable pour des communications faiblement interactives.
3	300 à 700 ms	Devient pratiquement une communication semi duplex.
4	Au delà de 700 ms	Inutilisables même pour une communication semi duplex.

En conclusion, on considère généralement que la limite supérieure « acceptable », pour une communication téléphonique, se situe entre 150 et 200 ms par sens de transmission (en considérant à la fois le traitement de la voix et le délai d'acheminement).

I.4.3. Les erreurs binaires

Elles se produisent notamment sur des réseaux de données avec ou sans fil. Elles peuvent aboutir à une suppression du paquet IP lorsqu'une erreur se produit.

I.4.4. L'écho

L'écho survient à la suite d'une transmission de signaux couplés à une voie de retour à leurs sources. Le locuteur entend sa propre voix avec un décalage temporel dû à la transmission. Il résulte du passage de la transmission. Il s'agit d'un phénomène qui gêne la communication vocale. Le signal se produit avec retard notable.

I.4.5. Perte de paquets

Lorsque les buffers des différents éléments réseaux IP sont congestionnés, ils libèrent automatiquement de la bande passante en se débarrassant d'une certaine proportion des paquets entrant, en fonction de seuils prédéfinis. Cela permet également d'envoyer un signal implicite aux terminaux TCP qui diminuent d'autant leur débit au vu des acquittements négatifs émis par le destinataire qui ne reçoit plus les paquets. Malheureusement, pour les paquets de la voix, qui sont véhiculés au dessus d'UDP, aucun mécanisme de contrôle de flux ou de retransmission des paquets perdus n'est offert au niveau du transport. D'où l'importance des protocoles RTP et RTCP qui permettent de déterminer le taux de perte de paquets, et d'agir en conséquence au niveau applicatif. Si aucun mécanisme performant de récupération des paquets perdus n'est mis en place (cas le plus fréquent dans les équipements actuels), alors la perte de paquets IP se traduit par des ruptures au niveau de la conversation et une impression de hachure de la parole. Cette dégradation est bien sûr accentuée si chaque paquet contient un long temps de parole (plusieurs trames de voix). Par ailleurs, les codeurs à très faible débit sont généralement plus sensibles à la perte d'information, et mettent plus de temps à « reconstruire » un codage fidèle. On estime les pertes des paquets dans le réseau IP, par deux types :

- Taux de perte : Il correspond au nombre total des paquets perdus par rapport au nombre total des paquets transmis.
- Taux de paquet faux : est le nombre total de paquets faux observés dans un intervalle ΔT divisé par T.

Enfin, connaître le pourcentage de perte de paquets sur une liaison n'est pas suffisant pour déterminer la qualité de la voix que l'on peut espérer, mais cela donne une bonne approximation. En effet, un autre facteur essentiel intervient; il s'agit du modèle de répartition de cette perte de paquets, qui peut être soit « régulièrement » répartie, soit répartie de manière corrélée, c'est-à-dire avec des pics de perte lors des phases de congestion, suivies de phases moins dégradées en termes de QoS [9].

I.5 Techniques de masquage des paquets perdu dans la VoIP

Afin de réaliser une transmission de la voix en temps réel de haute qualité, un mécanisme de dissimulation de perte de paquets doit être mis en place. Plusieurs algorithmes de masquage des pertes de paquets (ou PLC : Packet Loss Concealment) sont utilisés aussi bien au niveau de l'émetteur qu'au niveau du récepteur [10-12]. La figure I.7 présente quelques techniques utilisées en PLC.

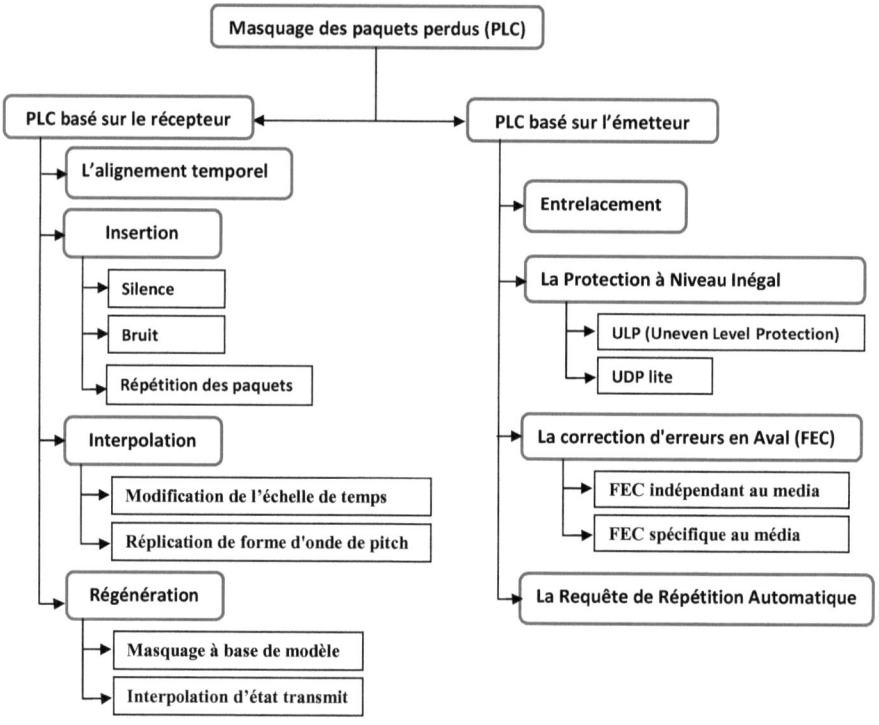

Fig. I.7. Les techniques de masquage des paquets perdus.

I.5.1. Masquage basé sur l'émetteur

Il existe plusieurs techniques de masquage basé sur l'émetteur, ces techniques sont généralement plus efficaces mais plus complexes. On peut distinguer deux types de techniques, selon qu'elles ajoutent ou non une redondance. Les méthodes ajoutant la redondance nécessitent une très large bande passante ou un long retard de bout en bout tandis que les méthodes qui n'ajoutent pas de redondance, utilisent une redondance inhérente dans la trame de voix au niveau de la source.

- *La requête de répétition automatique (ARQ)*

La requête de répétition automatique ARQ (*Automatic Repeat Request*), appelée aussi contrôle en boucle fermée, est une technique de retransmission, dont les stratégies de base sont :
- La détection du paquet perdu qui se fait par le récepteur ou par l'émetteur.
- La stratégie de l'accusé de réception : Le récepteur informe l'encodeur, par un accusé de réception, s'il y a des erreurs, en conséquence, l'encodeur peut retransmettre les paquets perdus.
- La stratégie de rediffusion: elle détermine quelles données doivent être retransmises par l'émetteur.

Malgré sa robustesse contre les pertes brusques, cette technique ne peut pas être utilisée dans les applications en temps réel, telle que la VoIP, à cause du délai considérable et de la large bande passante nécessaires [10,11].

- *La correction d'erreurs en aval (FEC)*

Les techniques de correction d'erreurs en aval FEC (*Forward Error Correction*), consistent à ajouter des données redondantes au flux binaire transmis à partir desquelles le contenu des paquets perdus peut être récupéré. Il y a deux sortes d'informations redondantes qui peuvent être ajoutées afin d'améliorer le processus de masquage à savoir celles qui sont indépendantes du contenu du flux et celles qui sont basées sur les propriétés de la parole.

FEC indépendant du media

Dans ce type de FEC, il n'est pas nécessaire de connaître le type de données originales (parole ou vidéo). Les données originales auxquelles on ajoute des données de redondance par l'utilisation des blocs ou codes algébriques, nommés parité, sont transmises vers le récepteur, pour aider à la détection et la correction des pertes de paquets.

IL existe plusieurs méthodes de codage algébrique en blocs. Nous allons présenter deux méthodes que l'on utilise dans la requête RTP. Les données de redondance sont dérivées des données originales :
- Soit par une opération de *OU exclusif (XOR)* : un seul paquet de parité est généré pour plusieurs paquets originaux.
- Soit on l'encode par le code *Reed-Solomon:* dans ce cas, de multiples parités indépendantes peuvent être calculées pour le même ensemble de paquets. Le code *Reed-Solomon* permet d'obtenir une protection optimale contre les pertes mais, en contrepartie, il nécessite une grande complexité de traitement. Malgré que la méthode du XOR fournisse une protection sous-optimale, elle est préférable dans les implémentations pratiques puisque on peut calculer plusieurs paquets de parité avec un faible coût de traitement comparativement à la méthode de *Reed- Solomon*.

Le FEC transmet k paquets originaux (D) et h paquets redondants de parité (P). La figure I.8 montre un exemple pour k=3 (D1, D2, D3) et h=2. Le FEC génère dans ce cas deux paquets redondants (P1, P2) à partir des paquets de données. Si un paquet de données (D3) et un paquet de parité (P1) par exemple, sont perdus, le récepteur peur reconstituer le paquet de données (D3) par l'utilisation des paquets D1, D2 et P2 reçus avec succès [12].

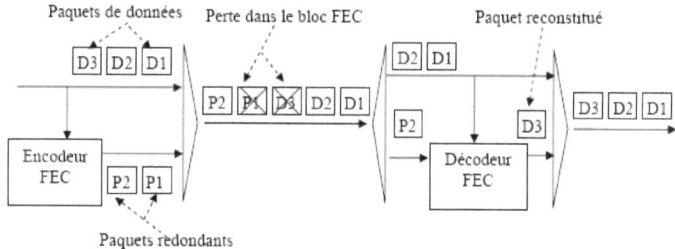

Fig. I.8. Exemple de FEC indépendant du média avec k=3 et h=2.

Le tableau I.3 montre les avantages et les inconvénients du FEC indépendant de media.

Tab. I.3. Avantages et inconvénient de FEC indépendant au média.

FEC indépendant du média	
avantages	inconvénients
Ne dépend pas du contenu du paquet.	Impose plus de retard (temps de latence).
Réparation faite dans l'emplacement exact du paquet perdu.	Bande passante élevée (débit élevé).
Correction simple à implémenter.	Implémentation difficile du décodeur.

FEC spécifique au média

Si un paquet original de données est perdu, d'autres paquets secondaires qui contiennent la même unité d'information seront capables de reconstruire et de remplacer ce paquet (figure I.9). La première donnée de la parole transmise est définie sous le nom de codage primaire tandis que les transmissions redondantes sont définies comme étant un codage secondaire. Généralement, les paquets secondaires sont produits par des codeurs à bas débit comparativement au codage primaire, entrainant une qualité moindre de voix.

L'avantage de cette méthode réside dans le temps de latence assez réduit, ce qui favorise l'implémentation des applications en temps réel. Son inconvénient réside dans la taille de l'entête du paquet qui est variable et grande. Par exemple l'utilisation de PCM (8 kHz, u-Law) avec 64kbit/s comme un codage primaire et du GSM (13kbits/s) comme codage secondaire incrémente de 20% la portion de la data de chaque paquet [10].

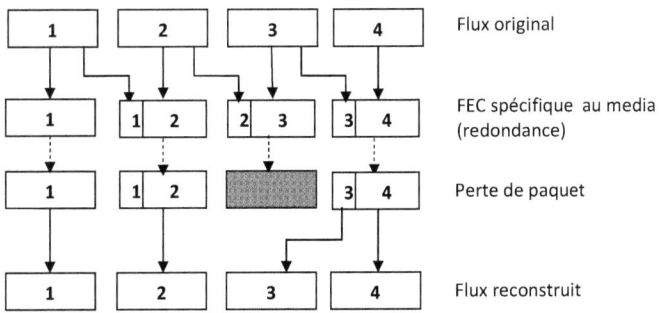

Fig. I.9. FEC spécifique au média.

- **La Protection à niveau inégal**

Lorsque les sous-divisions constituant la donnée n'ont pas la même importance (les données de la parole, en particulier), plusieurs techniques de masquage des pertes des paquets existent pour la transmission en temps réel:

ULP (Uneven Level Protection)

Cette technique attribue plus de protection aux données les plus importantes. Par exemple, si la parole est codée par le codage CELP, le pitch et les paramètres du filtre de prédiction ont alors une grande importance par rapport à l'excitation. Une erreur sur les paramètres du filtre de prédiction peut réduire considérablement la qualité et conduit à un système instable. Par contre, l'erreur sur l'excitation n'influe pas sur la qualité perceptuelle. Ces propriétés conduisent à l'usage d'une protection inégale pour des données n'ayant pas les mêmes importances. Les unités de données sont arrangées dans un paquet de type RTP par ordre d'importance décroissant. Plus de protection est appliquée aux débuts des unités, c'est-à-dire aux données les plus pertinentes [13].

UDP –Lite

User Datagram Protocol (UDP) est le protocole de transport le plus couramment utilisé pour les services de diffusion. Simple et évitant les techniques d'acquittement et de retransmission de TCP, il permet de fournir un service non fiable mais adapté aux applications ayant de fortes contraintes de délai. Cependant, les datagrammes UDP ne permettent pas de recevoir des données corrompues, à moins de désactiver totalement le checksum, ce qui n'est autorisé qu'avec la version 4 d'IP. UDP-Lite est une version modifiée d'UDP permettant de configurer la longueur des données protégées par le checksum en remplaçant l'information "longueur" par l'information "couverture du checksum", comme présentée sur les tableaux (I.4.a) et (I.4.b).

Adresse source		
Adresse destination		
Zéro	Proto	Longueur UDP
Port Source	Port Destination	
Longueur	Checksum	

Tab .I.4.a. Entête UDP.

Adresse source		
Adresse destination		
Zéro	Proto	Longueur UDP
Port Source	Port Destination	
Couverture	Checksum	

Tab .I.4.b. Entête UDP-lite.

L'utilisation d'UDP-Lite permet de protéger les données sensibles et de recevoir des informations corrompues utilisables par certaines applications robustes aux erreurs et au lieu d'essayer de compenser toutes les pertes de paquets dues à des erreurs nous supposons que beaucoup sont acceptables dans les scénarios d'utilisation en temps réel [14].

- *Entrelacement*

L'entrelacement devient une technique de masquage utile lorsque le délai de bout en bout aura une importance secondaire. Lorsque la taille des unités de données (trames de parole) est faible par rapport à la taille du paquet, l'ordre séquentiel des unités est redistribué par rapport à celui produit par le codeur, l'émetteur entrelace les unités de données et par conséquent, il change l'ordre de séquencement, comme indiqué à la figure I.10.

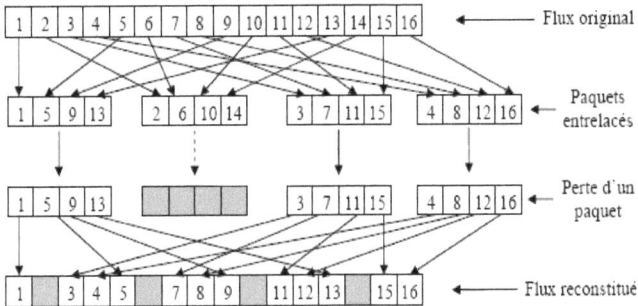

Fig. I.10. Exemple d'entrelacement [10].

Au niveau du récepteur, les unités de données sont rassemblées, réordonnées puis livrées au décodeur. Le but de cette technique est de distribuer l'effet de perte de paquets sur des petits intervalles séparés au lieu de perdre un grand intervalle. L'effet de perte est diminué pour les raisons suivantes :

Les petits intervalles de lacunes (gap) correspondent aux intervalles de parole plus courts par rapport à la longueur d'un phonème. Et puisque l'homme est capable d'interpoler mentalement les petites lacunes, l'intelligibilité de la parole sera donc préservée.

Si le récepteur est muni d'un mécanisme de dissimulation de perte (par exemple, les lacunes sont remplacées en utilisant une interpolation des trames reçues adjacentes), alors une performance supérieure est obtenue lorsque l'interpolation se fait sur des petits intervalles au lieu des grands intervalles.

L'avantage majeur de cette méthode, est qu'elle n'augmente pas l'utilisation de la bande passante (débit fixe).

L'inconvénient de cette méthode réside dans le temps de latence qui limite son utilisation dans les applications interactives (temps réel) [10].

I.5.2 Masquage basé sur le récepteur

Les techniques de masquage basé sur le récepteur consistent à produire des remplacements semblables aux paquets originaux perdus. Ces techniques sont utilisées lorsque l'émetteur a échoué de corriger toutes les pertes où il ne participe pas dans l'opération de correction. Il existe trois catégories de méthodes de dissimulation : l'insertion, l'interpolation et la régénération [10-12].

- ***L'insertion***

Elle consiste à remplacer les paquets perdus soit par un silence, un bruit ou par une répétition de la dernière bonne trame reçue. Cette méthode est simple à implémenter. Elle est efficace pour des paquets de longueurs courtes (<4ms) et ayant de faibles taux de perte (< 2%). Ses performances se dégradent rapidement lorsque la taille des paquets augmente.

Insertion de silence

C'est la possibilité la plus simple. Elle consiste à remplacer le segment de parole perdu par des échantillons de valeurs nulles. Cette méthode donne une mauvaise qualité de parole même pour des faibles taux de perte.

Insertion de bruit

Dans cette technique, on augmente légèrement la complexité par rapport à l'insertion du silence en générant un bruit pour remplacer le segment de la parole perdue. Cette technique exploite le phénomène de «restauration phonémique». Dans ce phénomène, le système d'audition humain interpole mieux les segments de parole perdus ayant été remplacés par un bruit comparativement aux segments nuls.

Répétition de paquets

La répétition de la dernière bonne trame reçue est la méthode la plus simple pour approximer le signal perdu. Il est simplement nécessaire de mémoriser une copie de la dernière trame. La figure I.11 montre le signal original $S(n)$, le signal avec perte $\tilde{S}(n)$ et le signal reconstitué $\hat{S}(n)$ en utilisant la méthode de répétition. Puisque l'intervalle de paquetisation L n'est pas choisi en fonction de la période du pitch P, le signal reconstitué présente des discontinuités. Cette méthode améliore mieux la qualité de la parole par rapport à l'insertion de silence ou de bruit.

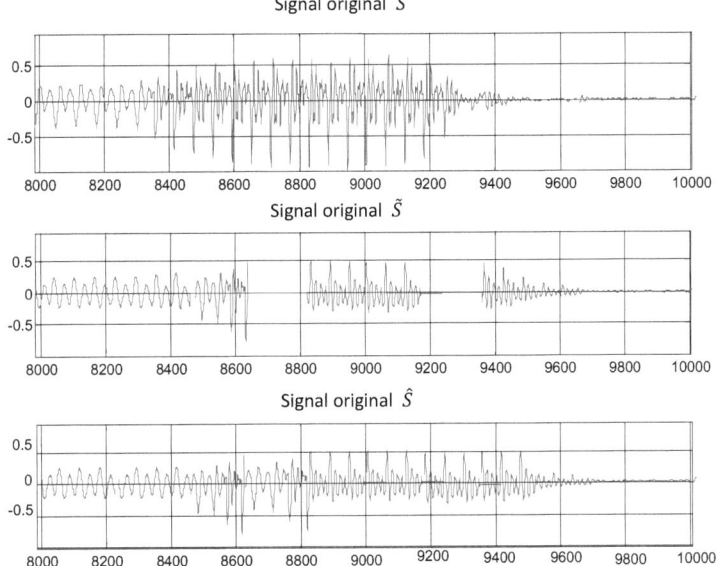

Fig. I.11. Masquage par répétition.

- **L'alignement temporel (Pattern matching)**

Dans cette technique, le récepteur utilise un modèle de signal (Template L), constitué d'un segment d'échantillons correctement reçu juste avant le segment perdu. Une recherche d'un segment ayant une similarité avec le segment modèle est ensuite effectuée dans une fenêtre de recherche N, située avant l'intervalle du modèle. Le critère correspondant est le minimum de différence absolue normalisée entre le modèle et le segment candidat. Après l'analyse, on utilise le paquet contenant les échantillons M qui suivent immédiatement les meilleurs échantillons appariés L pour remplacer celle perdue (figure I.12) [15].

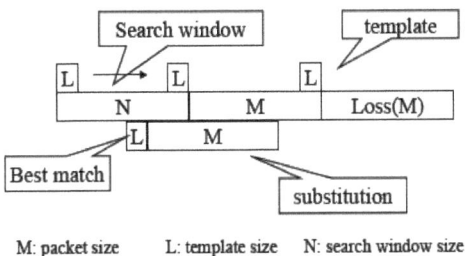

Fig. I.12. Masquage par l'alignement temporel [15].

Enfin, l'amplitude du segment ayant une similarité maximale avec le segment modèle est ajustée pour avoir un lissage dans le signal de sortie.

- **L'interpolation**

Elle consiste à interpoler quelques paramètres des bonnes trames antérieures et futures afin de trouver un remplacement pour la trame perdue. L'avantage de cette méthode par rapport aux méthodes d'insertion, est que l'interpolation prenne en compte le changement des caractéristiques du signal. Par conséquent, les performances sont meilleures.

Modification de l'échelle de temps (Time Scale Modification)

La modification de l'échelle de temps (*Time Scale Modification TSM*) a été introduite par Sanneck en 1995[16]. Elle consiste à allonger un (ou plusieurs) segment du signal situé avant et/ou après la zone de perte afin de récupérer le segment perdu.

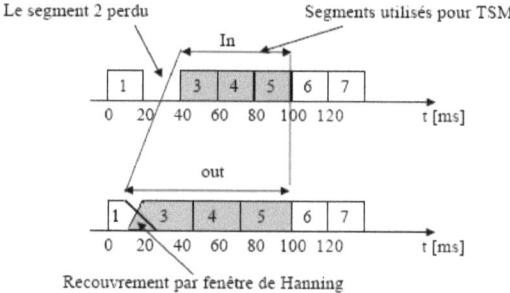

Fig. I.13. Masquage basé sur la modification de l'échelle de temps [16].

Dans la figure I.13, le segment 2 est perdu, les segments 3,4 et 5 sont allongés. Pour assurer une transition lisse entre les segments 1 et 3, il faut utiliser la technique de recouvrement-addition qui consiste à multiplier, dans l'intervalle d'intersection, les segments 1 et 3 par une fenêtre de pondération puis à effectuer leur somme. La modification de l'échelle de temps se fait sans altération de la période du pitch ou de l'intelligibilité [10,16].

Réplication de forme d'onde de pitch

La méthode de réplication de forme d'onde de pitch utilise deux détecteurs parallèles qui ne cessent de détecter les pics positifs et négatifs de la parole, respectivement, pour estimer le pitch du paquet antérieur à celui perdu. A partir des deux détecteurs de pointe, nous pouvons obtenir d'autres intervalles de temps qui séparent la plus récente de trois maxima et minima, respectivement. En utilisant ces quatre estimations pitch, PWR (*Pitch Waveform Replication*) on peut décider si la parole avant le paquet manquant est voisée ou non. Si la parole n'est pas voisée ou la détection de pitch échoue, PWR utilise la méthode de la répétition pour récupérer les paquets perdus. Si la parole est voisée, PWR reconstruit le paquet manquant en dupliquant la période de pitch précédent dans toute la région du paquet perdu. La complexité de cette méthode est inférieure et la qualité de la parole reconstruite est meilleure que celle du « pattern matching ».

- *La régénération*

Les techniques de régénération profitent de la connaissance a priori de l'algorithme de compression des signaux audio pour récupérer les paramètres du Codec. Par conséquent, le signal audio dans un paquet perdu peut être synthétisé. Ces techniques sont plus performantes en raison de la grande quantité d'informations utilisées dans la récupération.

Masquage basé modèle (model-based recover)

Dans la récupération (le masquage) à partir de modèles de la parole sur l'un ou les deux côtés de la perte, on effectue un ajustement en se basant sur le modèle utilisé pour générer la parole, pour couvrir le période de la perte. Dans les travaux de Chen [17], l'entrelacement de la parole codée selon la loi-µ est réparée en combinant les résultats de l'analyse autorégressive sur la dernière série d'échantillons reçus avec une estimation de l'excitation faite pour la période de perte. La technique donne de bons résultats pour deux raisons: la taille des blocs d'entrelacement (8/16ms) est assez courte pour s'assurer que les caractéristiques de la parole du dernier bloc prédisent une forte probabilité d'être pertinents. La majorité des codecs vocaux à bas débit utilisent un modèle autorégressif en conjonction avec un signal d'excitation.

Interpolation d'états transmits (Interpolation of transmitted state)

Pour les codecs basés sur un codage par transformation ou sur la prédiction linéaire, il est possible que le décodeur puisse interpoler entre les états. Par exemple, le codeur de parole G.723.1 interpole les états des coefficients de prédiction linéaire de chaque côté des courtes pertes et utilise soit une excitation périodique la même que celle de la trame précédente, ou estime correctement le gain du générateur aléatoire, selon que le signal soit voisé ou non voisé.

L'avantage des codecs qui présentent une interpolation des états plutôt que de recoder le signal audio de chaque côté de la perte est qu'il n'y a pas d'effets de bord si on change les codecs, et le coût de calcul reste à peu près constant. Toutefois, il convient de noter que les codecs où l'interpolation peut être appliquée en général ont des exigences de traitement élevées [11].

Conclusion

Dans ce chapitre, nous avons présenté un aperçu global sur la transmission de la voix sur le réseau IP, sur les éléments constituant ce réseau et sur les différents protocoles utilisés dans la téléphonie IP. Nous avons aussi abordé la qualité de la voix et les facteurs affectant la qualité de service et nous avons présenté un aperçu sur les méthodes de masquage des paquets perdus dans la transmission VoIP. Cette étude nous permettra de mieux comprendre et mieux situer notre contribution qui sera développée dans les chapitres suivants.

CHAPITRE II

Le codage CELP et le codage MELP

Introduction

Nous présentons dans ce chapitre l'étude de deux codeurs LPC à excitation mixte MELP, le premier est le standard DoD (Departement of Defense), fonctionnant à 2.4 kbps, et le second opère à 1.2 kbps. Ces deux codeurs seront exploités pour la mise au point de notre étude comparative des techniques de dissimulation. Ces techniques sont: *l'entrelacement* et la *MDC*. Nous donnons une justification sur le choix du codeur MELP tout en le comparant au codeur CELP, actuellement le plus utilisé dans les applications de codage de parole dans le domaine de la VoIP.

II.1 Le Codeur CELP

Le but du codage est de diminuer le débit nécessaire à la transmission des informations de synthétisation de la parole. Pour ce faire, des méthodes efficaces ont été proposées pour réduire le nombre de bits nécessaires pour coder le signal d'excitation.

Les premiers codeurs prédictifs furent obtenus en quantifiant les échantillons du signal d'erreur de prédiction sur 2 ou 3 bits. Ce type de codage présentant un fort bruit de quantification, le débit n'a pu être réduit au-delà de 16 kbits/s sans une perte de qualité importante. Le codeur de type CELP (Code Excited Linear Predictive), est le standard G.729 défini par l'ITU-T dont le modèle est donné par la figure II.1, forment un sous-ensemble de la classe plus générale des codeurs LPAS (Linear Prediction Analysis by Synthesis). Ce type de codeur hybride utilise de façon complémentaire les avantages des techniques de codage temporelles et paramétriques pour permettre un codage efficace du signal de parole [6].

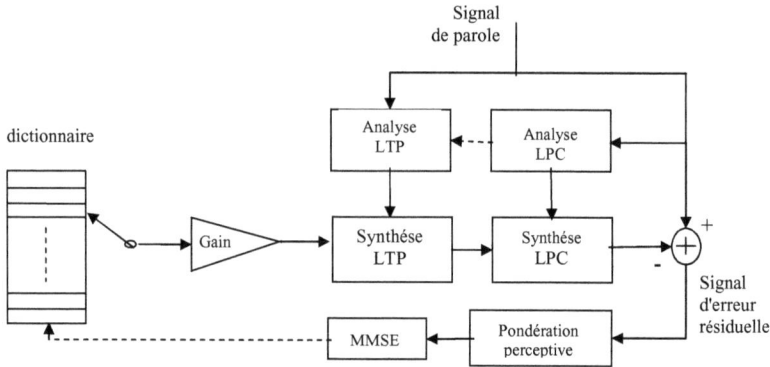

Fig. II.1.Codeur CELP [6].

II.1.1.Caractéristiques du codeur CELP

Ce codeur opère sur des trames vocales de 10 ms correspondant à 80 échantillons à raison de 8000 échantillons par seconde. Pour chaque trame de 10 ms, le signal vocal est analysé pour en extraire les paramètres du modèle de prédiction CELP (coefficients du filtre de prédiction linéaire, index et gains de répertoire codé adaptatif et de répertoire codé fixe). Ces paramètres sont codés et transmis. Le tableau II.1, récapitule d'autres caractéristiques techniques de codeur CELP.

Tab. II.1. Caractéristiques techniques du codeur CELP [6,19].

Caractéristiques	Valeurs
Organisme de normalisation	ITU
Type de codeur	CELP
Date d'apparition	1996
Débit binaire	4.8 kb/s
Qualité de la voix	Téléphonique (Toll) avec MOS=3.5
Masquage de pertes de paquets	3%
Complexité (MIPS)	16
RAM (Kmots de 16 bits)	2.6
Taille de la trame	10 ms
Délai du Codec	50 ms

II.1.2. Principe de fonctionnement de codeur CELP

Le principe des codeurs CELP étant basé sur la prédiction linéaire et l'analyse par synthèse [18,19], l'innovation ne réside que dans le codage du signal d'erreur. Différentes techniques efficaces ont été proposées pour représenter le signal d'excitation comme par exemple, le codage Multi-Pulse Excitation (MPE) [20] ou Regular Pulse Excitation (RPE) [21] qui fournissent à la parole une bonne qualité avec une complexité raisonnable pour un débit autour de 10 Kbits/s. Dans le codage MPE, les impulsions peuvent prendre des amplitudes et être situées à des positions arbitraires. La forme d'onde d'excitation est obtenue en optimisant les positions et les amplitudes d'un nombre fixe d'impulsions par trame.

Dans les codeurs CELP, une analyse de Prédiction Linéaire standard (calcul à l'ordre p des coefficients $\{a_k\}_{k=1}^{p}$ du filtre LP de l'équation (II.1)) et une modélisation du pitch (détermination des paramètres p_i et β de l'équation (II.2)) sont utilisées dans cet ordre pour déterminer, en tenant compte d'une pondération perceptive, l'excitation idéale du filtre de synthèse et les paramètres de reconstruction de la parole. Ce signal d'erreur résiduelle est ensuite représenté à partir de trames de signal prédéfinies, contenues dans un ou plusieurs dictionnaires ou codebooks. Cette technique de codage sélectionne, en parcourant les dictionnaires, la forme d'onde du signal d'excitation qui minimise l'erreur quadratique moyenne (MMSE) entre le signal de parole et sa modélisation paramétrique. Notons que le signal d'excitation étant choisi par bloc, le choix de la meilleure forme d'onde peut être regardé comme une quantification vectorielle des échantillons et la différence entre le signal résiduel et la forme d'onde choisie considérée comme une erreur de quantification [6].

$$e_{res}(n) = s(n) - \hat{s}(n) = s(n) + \sum_{k=1}^{p} a_k s(n-k) \qquad (II.1)$$

$$e_{res}(n) = s(n) - \beta s(n - p_i) \qquad (II.2)$$

Où e_{res} est le signal résiduel

Les dictionnaires ont des structures particulières et sont caractérisés selon leur méthode de construction. Le signal d'excitation possédant une densité de probabilité proche d'une gaussienne, Schroeder et Atal [19] ont proposé un dictionnaire de mots de code constitué d'échantillons aléatoires gaussiens [22]. Par la suite, d'autres types de dictionnaires ont été envisagés dans le but de réduire la complexité des algorithmes de sélection de la forme d'onde optimale ou du nombre de bits nécessaires pour son codage. Les dictionnaires les plus couramment utilisés sont les suivants :

- le dictionnaire d'échantillons aléatoires de type gaussien [19].
- le dictionnaire stochastique obtenu par apprentissage [23].
- le dictionnaire algébrique constitué de mots de code binaires ou ternaires [24].

- le dictionnaire obtenu par combinaison linéaire de vecteurs indépendants et rencontré dans les codeurs VSELP (Vector Sum Excited Linear Predictive Coder) [25].

Les formes d'ondes permettront de bien modéliser l'excitation non-voisée et le filtre de synthèse LTP fournira la périodicité désirée au signal reconstruit. Les mots de code étant normalisés à l'unité, un gain est généralement associé de manière à modéliser au mieux le signal résiduel. Les paramètres à transmettre ne sont alors plus que l'index correspondant à la position du meilleur mot de code dans le dictionnaire, son gain associé et les coefficients des filtres d'analyse. Le dictionnaire étant connu du décodeur, l'index et le gain sont alors utilisés pour exciter les filtres de synthèse et donc reconstruire le signal de parole.

II.1.3. Limitation du codeur CELP pour le codage à bas débit.

L'utilisation d'un codeur CELP pour le codage de la parole tend à donner de bons résultats pour des débits assez bas, compris entre 4 et 16 kbits/s, dont 75% est assigné au codage des paramètres liés aux codebooks. En-dessous de 4 kbits/s, la qualité se dégrade brusquement car il n'y a plus assez de bits disponibles pour représenter en juste proportion l'excitation. Pour les sons voisés, le signal synthétique présente des harmoniques de f_0 jusqu'à $f_e/2$ même si le signal original n'a plus d'harmoniques au-delà d'une fréquence f_{max}. On parle dans ce cas d'artéfact tonal [26]. Cependant, les performances obtenues dépendent pour beaucoup du dictionnaire choisi. Ce sont généralement les applications liées au codeur qui vont dicter le type de dictionnaire à utiliser. En effet, pour une application en temps réel, l'utilisation d'un dictionnaire gaussien ou stochastique est pratiquement impossible du fait de la charge de calcul nécessaire pour déterminer les formes d'onde optimales. L'utilisation d'un dictionnaire algébrique est alors plus souvent privilégiée [26].

II.2. Le codeur MELP

Le codeur MELP a été développé par Texas Instruments dans le cadre de la Défense Digital Voice Processor Consortium (DDVPC) spécifiquement comme candidat pour devenir un codeur de parole à la nouvelle norme 2.4 kbps. Le MELP est devenu actuellement le nouveau standard militaire et fédéral pour la parole à 2.4 kbps, en remplacement des normes fédérales FS-1015 (LPC-10) et FS-1016 (CELP), qui produisent de la parole de mauvaise qualité à ce débit. Le MELP à 2.4 kbps procure d'ailleurs une qualité aussi bonne que celle de la norme fédérale FS-1016 (CELP) à 4,8 Kbps, rendant le MELP un excellent candidat pour la plupart des applications de voix à faible débit. Cela permettra d'économiser la bande passante. Le tableau II.2 récapitule les caractéristiques du codeur MELP [27].

Tab. II.2. Caractéristiques techniques du codeur MELP [27].

Caractéristiques	Valeurs
Organisme de normalisation	standard militaire et fédéral DoD
Type de codeur	MELP
Date d'apparition	1998
Débit binaire	2.4 kb/s
Qualité de la voix	Téléphonique (Toll) avec MOS=3.5
Masquage de pertes de paquets	1%
Complexité (MIPS)	20
RAM (Kmots de 16 bits)	6
Taille de la trame	22.5ms
Délai du Codec	$t_{MELP} = 28ms$
Paquetisation	$22,5\ ms$
De- Paquetisation	$t_{\Delta Depkt} \approx 0\ ms$
Jitter buffering	$t_b = 90\ ms$

L'implémentation d'un codeur MELP comporte quatre étapes : l'analyse, l'encodage, le décodage, et la synthèse.

II.2.1 Principe du codeur MELP

Le codeur LPC à Excitation Mixte ou MELP est basé sur un modèle paramétrique, qui inclut cinq fonctionnalités améliorées comparativement aux codeurs LPC [28]. Celles-ci sont :

1. Une excitation mixte
2. Une impulsion apériodique.
3. Une amélioration spectrale adaptative.
4. Un filtre de dispersion d'impulsions.
5. Une modélisation par les amplitudes de Fourier.

Il utilise une excitation mixte c'est à dire formée de la somme d'une composante impulsionnelle et d'une composante de bruit. La composante impulsionnelle est formée d'un train d'impulsions périodique ou non. Cette excitation est multi-bande avec une intensité de voisement définie pour chaque bande de fréquence. Le codeur fait une première estimation de la fréquence fondamentale, puis il calcule l'intensité de voisement dans 5 bandes de fréquence adjacentes. L'intensité de voisement est déterminée dans chaque bande par la valeur de l'autocorrélation normalisée par la valeur de la période de pitch. Dans la norme, cette intensité est codée sur 1 bit, chaque bande est donc classée voisée ou non voisée. Après analyse, le codeur peut positionner un drapeau appelé drapeau d'apériodicité « *aperiodic flag* » pour

Chapitre II   Le codage CELP et le codage MELP

indiquer au décodeur que la composante impulsionnelle doit être apériodique ou non. Le codeur effectue par ailleurs une analyse spectrale par prédiction linéaire et calcule les amplitudes des 10 premières harmoniques du pitch sur la transformée de Fourier du signal résiduel. Ces amplitudes sont quantifiées de manière vectorielle. Les paramètres transmis par le codeur sont finalement : la période fondamentale, le drapeau d'apériodicité, les 5 intensités de voisement, 2 gains (correspondant aux énergies de 2 demi-trames), les paramètres spectraux quantifiés vectoriellement et les 10 amplitudes d'harmoniques du pitch quantifiées vectoriellement. Le synthétiseur interpole linéairement les différents paramètres de manière synchrone au pitch. La composante impulsionnelle est obtenue sur une période de pitch par transformée de Fourier inverse sur les 10 amplitudes de Fourier. Pour les sons non voisés ou lorsque l'indicateur d'apériodicité est positionné, une gigue est appliquée à la valeur de la période fondamentale. Cette possibilité d'excitation impulsionnelle non périodique est particulièrement intéressante pour les zones de transitions entre sons. La composante impulsionnelle et la composante de bruit sont filtrées puis ajoutées. Le filtrage appliqué à la composante impulsionnelle a pour réponse impulsionnelle la somme de toutes les réponses impulsionnelles des filtres passe-bande, pour les bandes voisées. Le filtrage de la composante de bruit est déterminé de la même façon à partir des bandes non voisées. L'excitation globale est ensuite filtrée par un filtre adaptatif de renforcement des formants et par le filtre de synthèse LPC. Le signal synthétique résultant est mis à l'échelle en fonction de l'énergie de la trame originale et passe dans un filtre dont le but est d'étaler l'énergie des impulsions sur une période de pitch (pulse dispersive filter).

II.2.2. Encodeur MELP

L'entrée de l'encodeur est un signal de parole et sa sortie est un flux de bits à transmettre. Le signal de parole d'entrée est échantillonné à une fréquence d'échantillonnage de 8 kHz et la durée de la trame est de 22.5ms correspondant à 180 échantillons. Le schéma synoptique de base est donné par la figure II.2

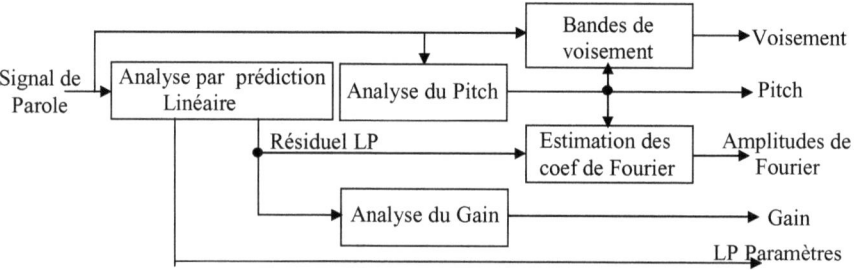

Fig. II.2. Schéma de base du codeur MELP [29]

II.2.3. Quantification des paramètres des codeurs MELP à 2.4 et 1.2 kbps

La différence entre un MELP à 2.4 kbps et un MELP 1.2 kbps se distingue au niveau de la quantification. Pour le codeur MELP à 2.4 kbps la quantification s'effectue pour des trames de 22.5 ms. Le codeur MELP à 1.2 kbps exploite les mêmes paramètres calculés par le codeur MELP à 2.4 kbps. Cependant, il regroupe trois trames consécutives pour former une super-trame de 67.5 ms, pour les quantifier globalement, afin de réduire le débit en exploitant la redondance des trames.

- **Quantification des coefficients LSF**

Dans le contexte de la compression de la parole, les coefficients de prédiction sont peu appropriés à la quantification à cause de leur large gamme dynamique et aux possibilités d'instabilité du filtre d'analyse LPC. Les coefficients LSF (Line Spectral Frequencies) ont été proposés pour palier à ces problèmes. L'objectif primordial de la quantification des paramètres LSF est la minimisation du nombre de bits attribués à ces paramètres lors de la transmission. D'abord, les coefficients de la prédiction linéaire, a_i $i = 1, 2,..., 10$, sont convertis en fréquences de raies spectrale LSF [30,31]. Ensuite, un processus qui force les composantes de LSF à être dans l'ordre croissant avec une séparation minimum de 50 Hz est exécuté. Ce processus commence en contrôlant toutes les paires adjacentes des composants LSF en effectuant des permutations lorsqu'une paire quelconque ne respecte pas l'ordre croissant. Cette étape est répétée jusqu'à dix fois si cela est nécessaire. Le critère minimum de séparation est alors appliqué en corrigeant chaque paire f_i et f_{i+1} pour laquelle d $= f_{i+1} - f_i$ est moins de 50 Hz. Le vecteur des coefficients LSF résultant f, est alors quantifié en utilisant un quantificateur vectoriel à multi étages (MSVQ) ou (Multistage Vector Quantisation). La recherche MSVQ trouve le vecteur du codebook qui réduit au minimum la distance quadratique euclidienne, d^2, entre les vecteurs quantifiés f et les vecteurs $\hat{f}$ de LSF non quantifiés.

$$d^2(f,\hat{f}) = \sum_{i=1}^{10} w_i (f,\hat{f})^2 \qquad (II.3)$$

Avec la pondération suivante :

$$w_i = \begin{cases} p(f_i)^{0.3}, 1 \le i \le 8 \\ 0.64 p(f_i)^{0.3}, i = 9 \\ 0.16 p(f_i)^{0.3}, i = 10 \end{cases} \qquad (II.4)$$

Où $p(f_i) = \text{abs}(\exp(j*f_i)*LPC_i)$ et LPC_i les coefficients LPC associés.

Cas du codeur MELP à 2.4 kbps

Le codebook MSVQ se compose de quatre étages de 128, 64, 64 et 64 niveaux respectivement. Le vecteur quantifié, $\hat{f}$ est la somme des vecteurs choisis par le processus de recherche, où chaque vecteur est choisi à chaque étage.

Cas du codeur MELP à 1.2 kbps

Dans le cas du codeur MELP 1.2 kbps, la quantification se fait pour chaque super-trame de 67,5 ms et tient compte du mode de voisement de chaque super-trame, en effet :

1. Si la super-trame contient une trame au plus voisée :
   Nous quantifions alors les trames séparément, chacune avec une QV simple et en utilisant un dictionnaire de 9 bits lorsque la trame est non voisée, sinon nous utilisons une MSVQ comme dans le MELP 2.4 kbps et nous utilisons le même dictionnaire de 4 étages.

2. Si la super-trame contient plus d'une trame voisée :
   Dans ce cas, nous quantifions seulement la troisième trame. Les deux autres seront déduites par interpolation entre la dernière trame de la super trame précédente et celle de la super trame courante. Notons que pour la trame à quantifier, nous utilisons une MSQV de 25 bits (7, 6, 6, 6) lorsque la trame est voisée, sinon, on utilise une QV à 9 bits comme décrit précédemment (dans le premier cas). La quantification des LSF se trouve dans le tableau. II.3.

Tab. II.3. Allocation des bits pour la quantification des LSF pour le codeur MELP à 1.2 kbps [30]

Mode de voisement	LSF l_1	LSF l_2	LSF l_3	Coefficients d'interpolation	Résiduels	Total
UUU	9	9	9	0	0	27
VUU	7.6.6.6	9	9	0	0	43
UVU	9	7.6.6.6	9	0	0	43
UUV	9	9	7.6.6.6	0	0	43
UVV VUV VVV	0	0	7.6.6.6	4	8.6	43
VVU	0	0	9	4	8.6.6.6	39

- *Quantification du pitch*

Cas du codeur MELP à 2.4 kbps

La valeur finale du pitch est quantifiée sur une échelle logarithmique avec un quantificateur uniforme de 99 niveaux s'étendant de 20 à 160 échantillons. Ces valeurs du pitch sont alors élaborées dans un mot-code de 7 bits.

Cas du codeur MELP à 1.2 kbps

1. Regrouper les trois pitch correspondant à une super trame dans un seul vecteur et mettre les pitch des trames non voisées à zéro.
2. Pour les super trames avec au plus une trame voisée, on quantifie ces pitch séparément en utilisant une quantification scalaire (QS) uniforme à 99 niveau soit à 7 bits.
3. Pour les super-trames avec au moins deux trame voisées, on utilise une quantification vectorielle (QV) multi-dictionnaires pour quantifier le vecteur des pitch.

Au total, on utilise 12 bits pour la quantification du pitch et des décisions de voisement des trames. Sur les 12 bits retenus, nous avons utilisé 3 bits pour quantifier le mode de voisement (représentant les 8 cas possibles). Les 9 bits restants sont utilisés pour quantifier les valeurs du pitch. Les détails se trouvent dans le tableau. II.4

Tab. II.4. Allocation des bits pour la quantification du pitch pour le codeur MELP à 1.2 kbps [30]

Mode de voisement	3-bit	9-bit
UUU	000	• QS uniforme de 99 niveaux (7 bits) pour la trame voisée • 2 bits pour les deux autres trames.
UUV		
UVU		
VUU		
VVU	001	QV avec le même dictionnaire de dimension 512.
VUV	010	
UVV	100	
VVV	011	QV dictionnaire A 512 niveau
	101	QV dictionnaire B 512 niveau
	110	QV dictionnaire C 512 niveau
	111	QV dictionnaire D 512 niveau

- ***Quantification du gain***

Cas du codeur MELP à 2.4 kbps

Les deux paramètres du gain $G1$ et $G2$ sont transmis pour chaque trame. $G2$ est quantifié sur 5 bits par un quantificateur uniforme à 32 niveaux s'étendant de 10.0 à 77.0 dB. L'indice du quantificateur est transmis au mot-code. $G1$ est quantifié sur 3 bits par un algorithme adaptatif. Cet algorithme détermine si la trame est une trame équilibrée ou une trame de transition. Le tout-zéro du mot-code est envoyé pour les trames équilibrées et un quantificateur uniforme de 7 bits est utilisé pour des trames de transition. Dans ce cas-ci, l'index du quantificateur plus 1 est le mot-code transmis.

Cas du codeur MELP à 1.2 kbps

Dans le codeur MELP 1.2 kbps la quantification est vectorielle avec un dictionnaire de dimension 6 et taille 1024.

- *Quantification du voisement*

Cas du codeur MELP à 2.4 kbps

Quand l'intensités de voisement $Vbp_1 \leq 0.6$ (non-voisé), le restant des intensités, $Vbp_i, i = 2, 3, 4, 5$, sont quantifiés à 0. Lorsque $Vbp_1 > 0.6$ (voisé), le restant des intensités de voisement sont quantifiés à 1 si leur valeur dépasse 0.6 pour chacune, sinon elles seront quantifiés à 0. Cependant, il y a une exception. En effet, si les valeurs de quantification de Vbp_i, $i = 2, 3, 4, 5$, sont 0, 0, 0, 1, respectivement, alors Vbp_5 sera corrigée et quantifiée à 0[32].

Cas du codeur MELP à 1.2 kbps

Ce codeur quantifie les décisions de voisement de chaque trame séparément en utilisant un dictionnaire de dimension 4. Ce dictionnaire ne contient que les combinaisons les plus probables des intensités de voisement [32].

- *Quantification des amplitudes de Fourier*

Pour ces amplitudes de Fourier, on utilise une pondération avec des poids variables qui favorisent les basses fréquences par rapport aux hautes fréquences avant de procéder à la quantification. Les poids sont donnés par la formule suivante [33, 34] :

$$w_i = \left[\frac{117}{25+75\left(1+1.4\left(\frac{f_i}{1000}\right)^2\right)^{0.69}} \right]^2 \quad i = 1, 2, 3, \ldots 10 \qquad (II.5)$$

Où $f_i = 8000i/60$ est la fréquence en Hz correspondant au $i^{ième}$ harmonique pour une période du pitch par défaut de 60 échantillons. Les poids sont appliqués à la différence carrée entre les amplitudes de Fourier de l'entrée et les valeurs du code-book.

Cas du codeur MELP à 2.4 kbps

Les dix amplitudes de Fourier sont codées avec un quantificateur vectoriel sur 8 bits. La recherche dans le code-book est effectuée en utilisant la distance euclidienne pondérée.

Chapitre II   Le codage CELP et le codage MELP

Cas du codeur MELP à 1.2kbps

Les amplitudes de la dernière trame voisée dans la super-trame courante sont quantifiées de la même façon que dans le MELP 2.4 kbps (QV avec un dictionnaire de 8 bits). Les amplitudes de Fourier des autres trames voisées, seront reconstituées par interpolation à l'aide du vecteur quantifié de la super-trame courante et celui de la super-trame précédente.

II.2.4. Allocation des bits

Tab. II.5. Table d'allocation des bits des codeurs MELP de 2.4 kbps et 1.2kbps [32]

Paramètres	MELP à 2.4 kbps		MELP à 1.2 kbps				
Fréquence d'échantillonnage Taille de la trame Débit en trame	8kHz 180 échantillons (22.5 ms) 44,44 trames/seconde		8kHz 3*180 échantillons (67.5 ms) 14.8148 trames/seconde				
Mode de voisement	V	N/V	VVV	UVV VUV	VVU	UUV UVU VUU	UUU
10 LSFs	25	25	43	43	39	43	27
Pitch	7	7	12	12	12	12	12
10 Amplitudes de Fourier	8	-	8	8	8	8	-
5 Bandes de voisement	4	-	6	4	4	2	-
2 Gains	8	8	10	10	10	10	10
Flag	1	-	1	1	1	1	-
Protection	-	13	-	2	6	4	31
Synchronisation	1	1	1	1	1	1	1
Total de bits par trame	54 bits		81bits				
Débit total	54*44,44= 2400 bps		81*14.8148 = 1200 bps				

- **Cas du codeur MELP à 2.4kbps**

Rappelons que les paramètres transmis par le codeur MELP pour reconstituer la parole synthétique sont: la fréquence fondamentale (pitch), le flag (drapeau d'apériodicité), les cinq intensités de voisement, les deux gains (correspondant aux énergies de demi trames), les dix coefficients LPC transformés en LSF et les dix amplitudes de Fourier du pitch codées par une quantification vectorielle.

- **Cas du codeur MELP à 1.2kbps**

Pour le codeur MELP à 1.2 kbps qui fonctionne en super-trames, on regroupe les paramètres de trois trames consécutives du MELP à 2.4 kbps. La quantification du MELP 1.2 kbps est conçue pour exploiter trois trames successives d'une part, par la quantification vectorielle (QV) pour tous les paramètres et d'autre part, la QV et l'interpolation pour les

LSF, en tenant compte des propriétés de voisement et de non voisement des trames. Chaque super-trame est classée dans un codage de plusieurs états en fonction de la décision « voisement/non voisement » (V/NV) des ces trames. Le tableau II.5 précise l'allocation de bits de tous les paramètres. On attribue 54 bits pour une trame codée à 2.4 kbps, 81 bits pour trois trames successives codées à 1.2 kbps [30].

II.2.5. Décodeur MELP

L'entrée du décodeur est un train de bits et la sortie est un signal de parole synthétisé. Le schéma synoptique de base d'un décodeur MELP est donné par la figure II.3.

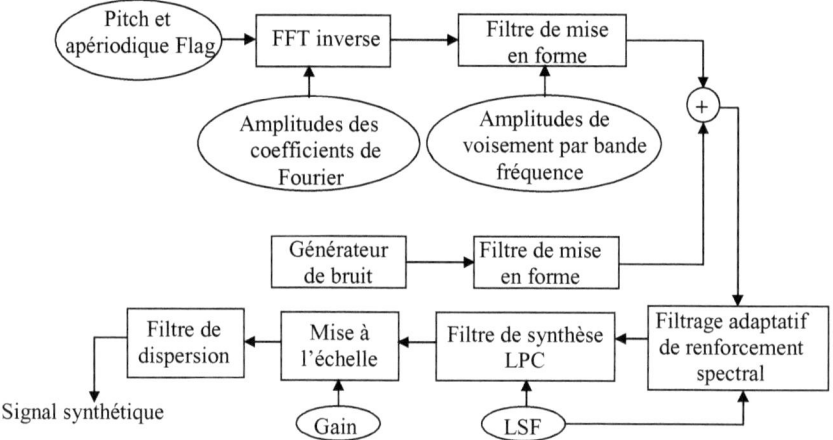

Fig. II.3. Schéma synoptique du décodeur MELP [32].

Les bits reçus sont assemblés dans des mots-codes de chaque paramètre. Le décodage du paramètre est différent pour les modes voisés et non voisés. Le pitch est décodé en premier, puisqu'il contient l'information de mode. Les LSF sont examinés par un ordre croissant. Dans le mode non voisé, des valeurs de paramètres par défaut sont utilisées pour le pitch, la gigue (jitter), le voisement et les amplitudes de Fourier. La valeur du pitch est mise à 50 échantillons, la gigue est mise à 25%, toutes les intensités de voisement en passe-bande sont mises à 0, et les amplitudes de Fourier sont mises à 1. En mode voisé, Vbp_1 est mis à 1, la gigue est mise à 25% si l'indicateur apériodique est un 1, autrement la gigue est mise à 0%. Les intensités de voisement dans la bande passante des quatre bandes supérieures sont mises à 1 si le bit correspondant est un 1, autrement l'intensité de voisement est mise à 0.

II.2.6. Atténuation du bruit

Pour les signaux non-voisés, une faible atténuation de gain est appliquée aux deux paramètres $G1$ et $G2$ décodés du gain qui utilise une règle de soustraction de puissance. Avant de déterminer l'atténuation pour la première limite de gain $G1$, une évaluation de bruit de fond G_n, est mise à jour comme suit [35]:

$$\begin{cases} \text{Si } G_1 > G_n + G_{up} \text{ alors } G_n = G_n + G_{up}. \\ \text{Sinon si } G_1 < G_n - G_{down} \text{ alors } G_n = G_n - G_{down}. \\ \text{Avec } G_{up} = 0.0337435 \text{ et } G_{down} = 0.135418. \end{cases} \quad (II.6)$$

L'estimateur de bruit croit par 3dB/sec et décroit par 12dB/sec pour les taux de mise à jour du gain de 88.9 mises à jour par seconde. L'évaluation de bruit est maintenue entre 10 et 80. L'évaluation de bruit est désactivée pour les trames répétées pour empêcher l'atténuation répétée. L'évaluation de bruit de fond est également utilisée dans le calcul de l'amélioration spectrale adaptative. Le gain G_1 est modifié en soustrayant un terme (positif) de la correction, G_{att}, donné en dB par [36]:

$$G_{att} = -10\log\left(1 - 10^{0.1[G_n + 3 - G_1]}\right) \quad (II.7)$$

Où G_n est l'évaluation de bruit de fond (en dB), et G_1 est la première limite du gain (en dB). La correction est maintenue à des valeurs maximales de 6dB pour éviter des fluctuations au niveau du spectre et la distorsion du signal. Pour s'assurer que l'atténuation est appliquée seulement aux signaux silencieux, la valeur G_n utilisée dans l'équation (II.6) est maintenue à une limite supérieure de 20dB. Les étapes d'évaluation de bruit et de modification du gain sont alors répétées pour la deuxième limite de gain G_2.

II.2.7. Génération d'une excitation mixte

L'excitation mixte est produite comme la somme de l'impulsion filtrée et des excitations de bruit. L'excitation impulsionnelle $e_p(n)$, n = 0, 1,..., $T-1$, est calculée par la transformée de Fourier discrète inverse sur une période du pitch [34] :

$$e_p(n) = \frac{1}{T}\sum_{k=0}^{T-1} M(k)e^{j2\pi nkT} \quad (II.8)$$

La période du pitch T est la valeur interpolée du pitch plus le temps de la gigue multipliée avec le pitch, où la gigue est la longueur de la gigue interpolée multipliée par la sortie d'un générateur de nombres aléatoires uniforme dont les valeurs sont comprises entre -1 et 1. Cette période du pitch est arrondie au nombre entier le plus proche et maintenue entre 20 et

160 échantillons. Toutes les phases pour l'excitation avec des impulsions sont mises à zéro. Par conséquent M (k) est réel. Puisque $e_p(n)$ est réel, les amplitudes obéissent à:

$$M(T - k) = M(k), \qquad k = 1, 2, \ldots L \qquad (II.9)$$

Où L= T /2 si T est pair et L = (T-1)/2 si T est impair. M (0) est mise à 0. Les amplitudes *M (k)*, k = 1, 2,…, 10, sont mises égales aux valeurs interpolées des amplitudes de Fourier et toutes les autres grandeurs qui ne sont pas spécifiées sont mises à 1. Pour empêcher des changements rapides au début de la période du pitch, l'impulsion d'excitation est circulairement décalée par dix échantillons. Ainsi, l'impulsion principale d'excitation se produit au dixième échantillon de la période. L'impulsion est d'abord multipliée par la racine carrée du pitch pour donner un signal de RMS unité et puis elle est multipliée par 1000 pour donner un niveau de signal nominal. Le bruit est produit par un générateur de nombres aléatoires uniformes avec une valeur RMS de 1000 et un intervalle s'étendant de -1732 à 1732. Les signaux d'excitation d'impulsions et de bruit sont alors filtrés et additionnés pour former l'excitation mixte. Le filtre d'impulsions de la trame courante est donné par la somme de tous les coefficients du filtre passe-bande pour les bandes de fréquence voisées, alors que le filtre de bruit est donné par la somme des coefficients de filtre passe-bande pour les bandes non voisées. Ces coefficients de filtre sont interpolés avec le pitch de façon synchrone [33]. La figure II.4 présente le générateur d'excitation mixte utilisé.

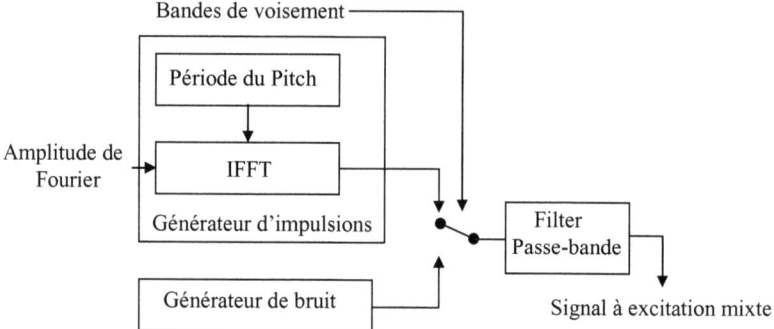

Fig. II.4. Schéma d'un générateur d'excitation mixte.

II.2.8. Amélioration Spectrale adaptative et ajustement du gain.

Le filtre de l'amélioration spectrale adaptative est appliqué au signal d'excitation mixte. Ses coefficients sont produits par une expansion de largeur de bande de la fonction de transfert linéaire du filtre de la prédiction linéaire A(z), correspondant aux LSF interpolés. La fonction de transfert du filtre de l'amélioration $H_{ase}(z)$, est donnée par [27, 37] :

$$H_{ase}(z) = (1 - \mu z^{-1})\frac{A(\alpha z^{-1})}{A(\beta z^{-1})} = (1 - \mu z^{-1})\frac{1+\sum_{i=1}^{10} a_i \beta^i z^{-i}}{1+\sum_{i=1}^{10} a_i \alpha^i z^{-i}} \qquad (II.10)$$

Où $\alpha = 0.5\rho$ et $\beta = 0.8\rho$ sont les coefficients perceptuels.

Le coefficient d'inclinaison µ est d'abord calculé en tant que max $(0.5k_1, 0)$, interpolé puis multiplié par ρ (la probabilité de signal). Par convention de signe, le coefficient de prédiction du codeur MELP, k_1, est habituellement négatif pour des spectres voisés. La probabilité ρ du signal est estimée en comparant le gain courant interpolé, G_{int} à l'évaluation du bruit de fond G_n, en utilisant la formule [27, 28] :

$$\rho = \frac{G_{int}-G_n-12}{18} \qquad (II.11)$$

Cette probabilité du signal est maintenue entre 0 et 1.

Puisque l'excitation est produite à un niveau arbitraire, le gain de la parole doit être introduit à la parole synthétisée. Le facteur de dimensionnement correct S_{gain}, est calculé pour chaque période synthétisée du pitch de longueur T.

$$S_{gain} = \frac{10^{G_{int}/20}}{\sqrt{\frac{1}{T}\sum_{n=1}^{T} \hat{S}_n^2}} \qquad (II.12)$$

II.2.9. Filtrage de dispersion

Pour éviter des discontinuités éventuelles du signal de parole synthétisée, ce facteur d'échelle est linéairement interpolé entre les valeurs précédentes et les valeurs courantes pour les dix premiers échantillons de la période du pitch. Le filtre de dispersion d'impulsions est un filtre FIR d'ordre 65, dérivé de l'impulsion triangulaire spectrale aplatie. Ce filtre a pour effet d'étaler l'énergie d'excitation d'une période du pitch. Ceci améliore la similitude entre le signal synthétique et la parole naturelle. Le filtre de dispersion est un filtre à réponse impulsionnelle finie d'ordre 65, basé sur une impulsion glottique synthétique à spectre plat. Ses coefficients sont générés par la transformée de Fourier d'une impulsion triangulaire unitaire [38].

Conclusion

Dans ce chapitre nous avons présenté une description générale du codeur CELP, c'est l'un des codeurs les plus utilisés dans les systèmes VoIP. Le CELP appartient à la famille des codeurs à bas débit, il offre une qualité téléphonique *(toll quality)* de parole à un débit de 4.8 Kb/s.

Nous avons présenté aussi dans ce chapitre, les deux codeurs MELP fonctionnant respectivement à 2.4 kbps et à 1.2 kbps que nous allons utiliser dans notre travail en marquant les points de différence au niveau de la quantification des paramètres à coder pour chaque codeur.

CHAPITRE III

Entrelacement et MDC

Introduction

Dans les applications en temps réel, telles que la VoIP, la procédure de réémission risque d'être impraticable, car les exigences temporelles sont strictes. Ainsi, lors de l'envoi de séquences de parole, c'est le protocole UDP/IP qui est utilisé car celui-ci ne requiert ni des interactions initiales avec le destinataire, ni de réémission de paquets lors de pertes.

Dans ce chapitre, nous présentons deux méthodes de masquage de pertes de paquets que nous avons mises au point, ces méthodes sont intitulées respectivement : techniques *d'entrelacement* et techniques de *codage par description multiple*. Ces méthodes seront appliquées au codeur de parole MELP, en vue d'augmenter sa robustesse et réduire l'effet de pertes de l'information lors de la transmission.

III.1. L'entrelacement

III.1.1. Définition

Dans notre travail, l'information (signal de parole) arrive à la destination, après passage par plusieurs étapes : codage, entrelacement, paquétisation, transmission, dé-paquétisation, dé-entrelacement, et enfin décodage. La figure III.1 récapitule ces étapes selon leur ordre de déroulement.

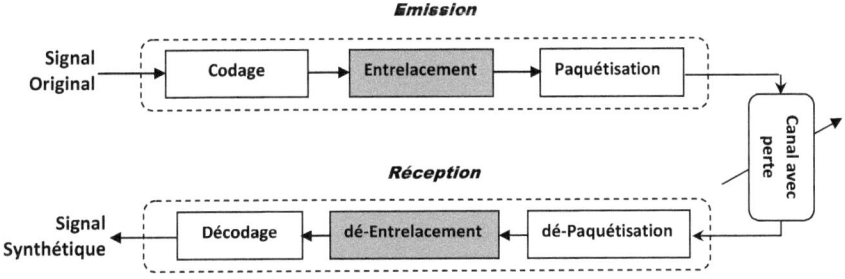

Fig.III.1. Les étapes de codage et de transmission du signal parole avec l'entrelacement.

L'entrelacement est une méthode efficace pour disperser des éclats de perte de paquets en une série de petites pertes [39,40]. En conséquence, les erreurs seront produites sur des mots codes assez courts, ainsi l'auditeur sera capable d'interpoler mentalement les petites lacunes. L'intelligibilité de la parole sera alors préservée. Formellement, pour une séquence de vecteurs caractéristiques X telle que [41-43]:

$$X = \{x_0, x_1, x_2, \ldots \ldots \ldots, x_{N-1}\} \qquad (III.1)$$

l'entrelacement peut être exprimé comme une permutation pour produire une séquence ré-ordonnée, X' donnée par :

$$X' = \{x_{\pi(0)}, x_{\pi(1)}, x_{\pi(2)}, \ldots \ldots \ldots, x_{\pi(N-1)}\} \qquad (III.2)$$

Où $\pi(i)$, est une fonction d'entrelacement qui donne l'indice du vecteur pour une sortie à l'instant i. Les vecteurs caractéristiques sont récupérées dans leur ordre original du côté du récepteur par le biais de l'opération de dé-entrelacement qui est donnée par la fonction inverse de π, de telle sorte que [43]:

$$\pi^{-1} o\, \pi = \pi\, o\, \pi^{-1} = I_z \qquad (III.3)$$

Le réarrangement des vecteurs fait par la fonction d'entrelacement nécessite une mémoire tampon avant la transmission. Ce dernier entraîne un retard dans la transmission de bout en bout (end-to-end). Le délai d'entrelacement, δ est défini comme le délai maximum de vecteurs avant qu'ils ne soient transmis [42,43].

$$\delta = \max_i(\pi^{-1}(i) - i) \qquad (III.4)$$

La capacité d'un entrelaceur pour disperser des éclats de la perte est liée à sa propagation. Un entrelaceur propage S si toutes les paires de vecteurs qui sont dans l'intervalle S dans la séquence d'entrée sont séparées les unes des autres par au moins S dans la séquence de sortie.

$$|x - y| \geq S \quad quand \quad |\pi(x) - \pi(y)| < S \qquad (III.5)$$

Un éclat de perte de paquets de longueur β sera totalement distribué par un entrelaceur se propageant avec S si $S \geq \beta$. Pour le cas $S < \beta$ l'entrelaceur ne sera pas en mesure de distribuer intégralement l'éclatement. Ce qui se traduira par des paquets consécutifs perdus [42].

III.1.2. Entrelaceur convolutif

Un entrelaceur convolutif peut être modélisé comme un arrangement de registres à décalage, contenant chacun un vecteur caractéristique. Dans un entrelaceur convolutif de degré d, le vecteur de séquence d'entrée, est partagé en d sous-séquences. Chaque sous-séquence est constituée d'un nombre différent de registres à décalage connectés, ce qui correspond donc un retard différent selon le nombre de vecteurs caractéristiques qui y sont stockés [43]. Un entrelaceur convolutif de degré 4 est illustré à la figure III.2.

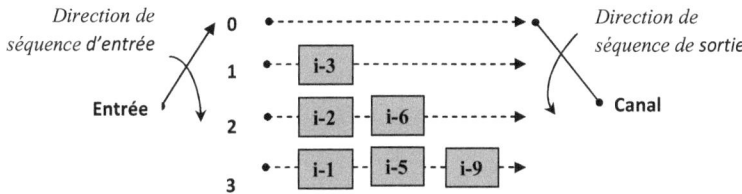

Fig.III.2. Entrelaceur convolutif de degré d=4.

Un entrelaceur convolutif de taille N ($d = \sqrt{N}$ sous-séquences) prend la forme :

$$\pi_{conv}(i) = i - d * (i \bmod d) \qquad (III.6)$$

Le retard, δ_{conv}, et la propagation, S_{conv}, d'un entrelaceur convolutif sont liés à son degré d et à partir des équations $(III.4)$, $(III.5)$ et $(III.6)$ le retard d'entrelacement et la propagation deviennent:

$$\delta_{conv} = d^2 - d \quad et \quad S_{conv} = d - 1 \qquad (III.7)$$

Tab .III.1. Exemple d'entrelacement convolutif d'une séquence de N=16.

Entrée	index (i)	0	1	2	3	4	5	6	7	8	9	10	11	12	13	14	15
permutation	$(i \bmod d)$	0	1	2	3	0	1	2	3	0	1	2	3	0	1	2	3
entrelacement	$i - d * (i \bmod d)$	0	-3	-6	-9	4	1	-2	-5	8	5	2	-1	12	9	6	3
dé-entrelacement	$i + d * (i \bmod d)$	0	1	2	3	4	5	6	7	8	9	10	11	12	13	14	15
Langage machine	décalage	0	-3	-6	-9	0	-3	-2	-5	0	-3	-6	-1	0	-3	-2	-9

III.1.3. Entrelaceur convolutif décorrélé

L'entrelaceur convolutif décorrélé introduit la même structure décorrélée de l'entrelaceur convolutif décrit précédemment. Un entrelaceur convolutif décorrélé est formé en permutant l'ordre dans lequel les sous-séquences individuelles sont accessibles. Pour un entrelaceur convolutif décorrélé de taille d, l'ordre dans lequel les sous-séquences sont accessibles est défini par la permutation P et la longueur d [43]. Par exemple, un entrelaceur décorrélé de taille 4, en utilisant la permutation $P = \{1\ 3\ 0\ 2\}$, est montré dans la figure III.3.

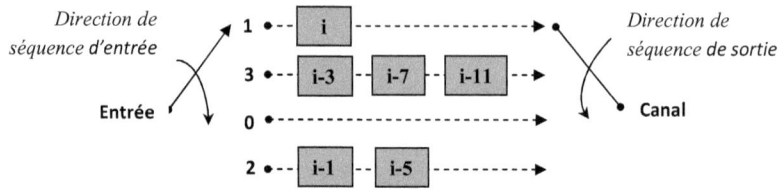

Fig.III.3. Entrelaceur convolutif décorrélé de taille d=4 et pour une permutation $P = \{1\ 3\ 0\ 2\}$.

Dans le cas général, à l'index de temps i, un vecteur de caractéristiques sera livré en sous-séquences $P_{(i\ mod\ d)}$, ayant un délai de $d(P_{(i\ mod\ d)})$ trames. C'est à dire :

$$\pi_{dec}^{-1}(i) = i + d * \left(P_{(i\ mod\ d)}\right) \qquad (III.8)$$

Inversement on obtient :

$$\pi_{dec}(i) = i - d * \left(P_{(i\ mod\ d)}\right) \qquad (III.9)$$

La permutation P est choisie comme la suite des entiers $(de\ 0\ à\ j-1)$ qui maximisent la fonction de décorrélation D_p, définie par :

$$D_p = \sum_{i=0}^{d-1}\sum_{j=0}^{d-1} \frac{|P(i) - P(j)|}{|i - j|} \qquad (III.10)$$

Il faut noter que le retard d'un entrelaceur convolutif décorrélé est identique à celui de l'entrelacement convolutif décrit précédemment, si le nombre de registres de décalage reste le même [43].

Tab .III.2. Exemple d'entrelacement convolutif décorrélé d'une séquence de N=16 et pour une permutation $P = \{1\ 3\ 0\ 2\}$.

Entrée	$index\ (i)$	0	1	2	3	4	5	6	7	8	9	10	11	12	13	14	15
Permutation	$P_{(i\ mod\ d)}$	1	3	0	2	1	3	0	2	1	3	0	2	1	3	0	2
Entrelacement	$i - d * P_{(i\ mod\ d)}$	-4	-11	2	-5	0	-7	6	-1	4	-3	10	3	8	1	14	7
dé-entrelacement	$i + d * P_{(i\ mod\ d)}$	0	1	2	3	4	5	6	7	8	9	10	11	12	13	14	15
Langage machine	$décalage$	-4	-11	0	-5	-4	-7	0	-1	-4	-3	0	-5	-4	-11	0	-1

III.1.4. Entrelaceur optimal de bloc de propagation

Un entrelaceur de blocs de taille N, de degré d fonctionne en permutant l'ordre de transmission d'un $d \times d$ bloc de vecteurs d'entrée. Deux entrelaceurs de blocs, π_{bloc1} et π_{bloc2} sont considérés optimaux en termes de maximisation de leur propagation pour un degré d donné, tels que [43] :

$$\pi_{bloc1}(id+j) = (d-1-j)d + i \quad ou \quad 0 \leq i,j \leq d-1 \quad (III.11)$$

$$\pi_{bloc2}(id+j) = jd + (d-1-i) \quad ou \quad 0 \leq i,j \leq d-1 \quad (III.12)$$

Où $d = \sqrt{N}$.

Il est intéressant d'observer que π_1 et π_2 forment des paires inversibles car $\pi_1 = \pi_2^{-1}$ et $\pi_2 = \pi_1^{-1}$. Le fonctionnement de ces entrelaceurs peut être considéré comme une rotation de $d \times d$ des vecteurs caractéristiques se trouvant dans la mémoire tampon (buffer), soit de $+90°$ ou de $-90°$ (sens antihoraire), comme indiqué à la figure III.4.

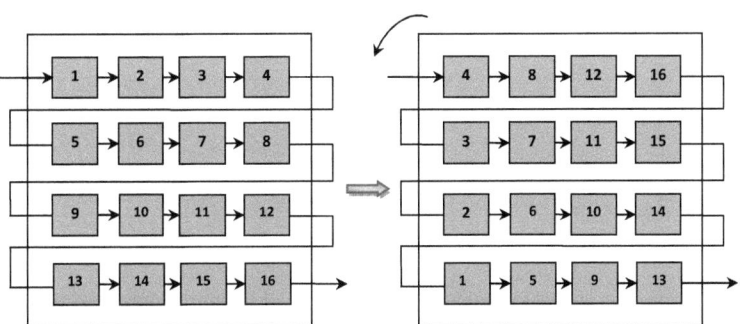

Fig.III.4. Rotation du buffer par 90° dans le sens antihoraire [43].

Le retard et la propagation de ces deux entrelaceurs sont liés à la racine carrée de leur taille (leur degré). A partir des équations $(III.4),(III.5)$ et $(III.11)$, on peut écrire:

$$\delta_{bloc} = d^2 - d \quad et \quad S_{bloc} = d \quad (III.13)$$

Tab .III.3. Exemple d'entrelaceur optimal de bloc de propagation d'une séquence de N=16.

		Ligne 1				Ligne 2				Ligne 3				Ligne 4			
Entrée	$index\ (i)$	1	2	3	4	5	6	7	8	9	10	11	12	13	14	15	16
Entrelace	$B(mod(5-j,5),i) = A(i,j)$	4	8	12	16	3	7	11	15	2	6	10	14	1	5	9	14
de-entrelace	$A(j, mod(5-i,5)) = B(i,j)$	1	2	3	4	5	6	7	8	9	10	11	12	13	14	15	16

III.1.5. Entrelaceur par groupement

Le processus d'entrelacement par groupement et produit un vecteur de coefficients :

$$v = \{v_i | i = 1, \ldots, ML_{M-1}\} \qquad (III.14)$$

La figure III.5 montre un exemple simple où $M = 3$ représente l'indice de bloc et $L = 2$ est la moitié de la longueur de la fenêtre d'analyse du bloc. Les coefficients sont regroupés et entrelacés en utilisant les trois étapes suivantes:

En (1), chaque ligne correspond à un bloc et dans chaque bloc, les coefficients sont regroupés dans des trames.

En (2), les trames de plus petite échelle (bloc 0) sont entrelacées deux par deux avec la trame supérieure immédiate dans le bloc 1. Cette première étape produit deux nouvelles trames de coefficients entrelacés.

En (3), les deux trames précédentes sont entrelacées avec la trame de plus grande échelle (bloc 2) de telle sorte que le vecteur résultant ait encore un coefficient de chaque bloc: un bloc 2, suivi par l'un des blocs 1, suivi d'un vecteur du bloc 0, suivi par un bloc 2, et ainsi de suite[44].

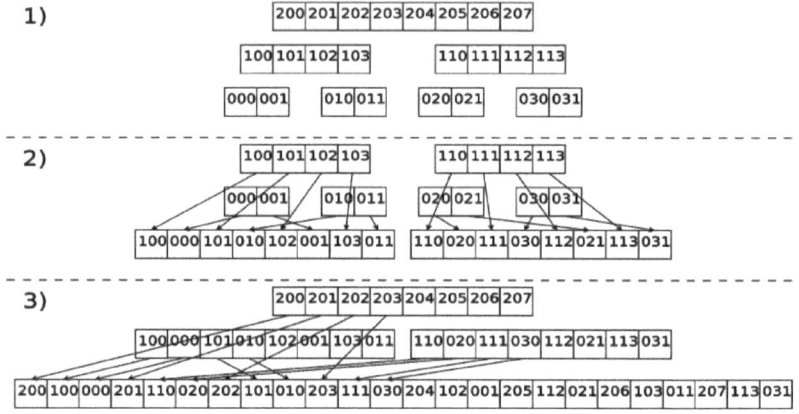

Fig. III.5. Processus d'entrelacement par groupement avec M = 3, L=2 [44].

III.2. Codage par description multiple (MDC)

III.2.1 Définition

Le codage par description multiple est une technique intéressante pour lutter contre les pertes et les erreurs de transmission. En MDC, la source est codée en plusieurs flux appelés descriptions. Il s'agit en fait de créer plusieurs représentations distinctes mais corrélées d'une source qui seront transmises sur des chemins différents. La réception d'une description quelconque doit permettre une reconstruction de la source avec un niveau de qualité acceptable.

La reconstruction et la qualité s'améliorent avec le nombre de descriptions reçues. Chaque réception de description supplémentaire doit permettre d'améliorer la qualité de reconstruction. La qualité optimale est obtenue lorsque toutes les descriptions sont reçues.

L'idéal serait donc d'avoir un système de codage qui repartit les données dans des paquets. La qualité de reconstruction dépendra alors uniquement du nombre de paquets reçus. On dit alors que les paquets se raffinent mutuellement.

Le cas particulier du codage à deux descriptions a fait l'objet d'études approfondies, aussi bien théoriquement que pratiquement. Par construction, le codage par descriptions multiples est bien adapté à la transmission sur plusieurs canaux indépendants ou sur un canal à effacements sans mémoire. Il a également l'avantage de favoriser le respect des contraintes de délai, puisqu'il n'y a pas besoin d'attente que la totalité des descriptions soient reçues pour pouvoir décoder les données [32].

III.2.2 Codage par descriptions multiples basé sur des transformations (MDTC)

Dans la chaîne de codage, la transformation a pour but, d'une part, de décorréler les données et, d'autre part, d'obtenir une représentation compacte de ces données. Elle doit permettre d'assurer qu'une suppression d'une partie de l'information conduisant à une qualité acceptable lors de la reconstruction. Dans le cas du codage par des descriptions multiples, nous distinguons deux approches : la première consiste à remplacer la transformation classique par une autre transformation qui permet à la fois de générer les descriptions et de contrôler la redondance entre ces descriptions, la seconde approche consiste à insérer entre la transformation classique et la quantification, une autre transformation qui aura pour but de rajouter de la corrélation et de permettre la création des descriptions.

- *Codage par Descriptions multiples basées sur les trames*

Les trames peuvent aussi être utilisées pour augmenter la robustesse sur des réseaux avec pertes [32,45]. Les trames ajoutent de la redondance dans le message à travers une expansion sur la base de fonctions redondantes (trames). Le récepteur peut alors reconstruire le message transmis sur un réseau sensible aux erreurs ou perte avec une précision suffisante si les opérateurs de la trame associée aux coefficients reçus possèdent les mêmes propriétés spécifiques. Les coefficients supplémentaires sont alors de la pure redondance et n'apportent aucune information supplémentaire. Nous citons encore quelques transformées existantes [46]: Transformée multi-ondelettes, codage en sous-bandes, transformations par appariement de doublets, transformations à base de fonctions redondantes, techniques spectrales.

- *Technique de recouvrement des trames perdues*

Dans la méthode MDC qui existe au labo, on a mis au point une méthode pour combattre les pertes de paquets incluant une redondance. L'information redondante n'a pas la qualité de l'information originale car elle est grossièrement quantifiée, mais elle contribue à reconstruire la parole lorsqu'il ya perte de paquets. Cette approche consiste en une paquétisation qui se fait au niveau des trames, où chaque paquet contient à la fois des informations sur la trame courante et des informations sur les trois trames adjacentes à venir. Ce sont ces redondances que l'on appelle descriptions [32,47]. En effet, nous avons codé le signal sur deux descriptions. La première utilise un codeur MELP et permet de coder la trame courante Tn sur 2.4 kbps. Elle sert à la reconstruction du signal avec une bonne qualité. La seconde utilise un autre codeur MELP, mais fonctionnant à un débit de 1.2 kbps. Ce dernier code trois trames successives dans le même paquet, à savoir les trames Tn+1, Tn+2 et Tn+3 qui succèdent à la trame Tn. Notons que le MELP 2.4 utilise une trame de 22.5 ms alors que le MELP 1.2 opère sur une trame de 67.5 ms, soit trois trames du MELP 2.4. (cf. chapitre II).

La MDC ainsi constituée contribue à reconstruire la parole lorsqu'un, deux, trois, voire quatre paquets successifs seront perdus.

III.2.3 Format d'un paquet

Pour le format d'un paquet, on a inclus les deux descriptions comme indiqué à la figure III.6. La première description possède une quantification assez fine à 2.4 kbps, c'est-à-dire celle donnée par le standard MELP 2.4 kbps. Cette description est dédiée à la trame courante **Tn**. Elle est nécessaire pour procurer une bonne qualité de la parole en condition de non erreur (sans perte). La deuxième description est grossièrement quantifiée à 1.2 kbps. Elle contient trois trames successives à la trame courante : **Tn+1**, **Tn+2** et **Tn+3**. Elle procure une qualité raisonnable et sert à recouvrer jusqu'à trois pertes de paquets [34]. Le total des bits alloués à un paquet sera donc de 135 bits. On obtient un débit total de transmission de 6 kbps, correspondant à la longueur d'une trame de 22.5 ms. Comparativement aux travaux faits sur la VoIP avec la MDC utilisant le codeur G. 729, nous avons un gain en débit de 2 kbps [47]. La figure III.7 montre comment le système MDC permet de recouvrer les paquets perdus.

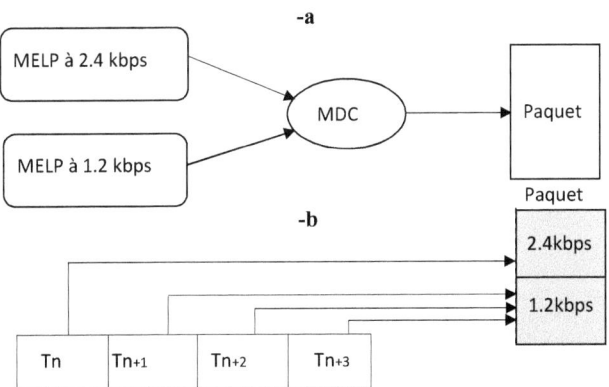

Fig. III.6. *Schéma synoptique de notre paquétisation utilisant 2 descriptions:*
  a- *Formation d'un paquet à l'aide de 2 codeurs MELP.*
  b- *Affectation des trames*

Si un ou deux ou trois de paquets sont perdus, cette configuration nous permettra de les récupérer. Ainsi, jusqu'à 3 paquets peuvent être recouvrés. On peut même tenter de récupérer la quatrième trame, au cas où le paquet N°14 sera également perdu, en procédant par une méthode d'extrapolation. Sur cette même figure, nous avons représenté, de gauche à droite, les cas respectifs des pertes de 1 paquet, de 2 paquets, de 3 paquets et enfin de 4 paquets [32].

Le nombre de paquets pouvant être recouvré peut aller jusqu'à trois. Une quatrième trame peut même être recouverte en utilisant une technique d'extrapolation. On observe sur cette figure les cas suivants :

• Le 1er cas correspond à seul un paquet perdu (trame T2). Le codeur à 2,4 kbps ne pouvant plus nous fournir la parole, on se rabat sur la trame précédente qui contenait dans son paquet les informations permettant de reconstituer trois trames T2, T3 et T4. On récupère directement la trame T2 de ce paquet.

- Le 2ème correspond à deux paquets successifs perdus, à savoir T4 et T5. Comme précédemment, on ne peut pas construire le signal à partir d'un MELP à 2,4 kbps, on procède aussi à leur récupération à partir du paquet précédent, reçu correctement.

- Dans le 3ème cas, lorsque trois paquets successifs T7, T8 et T9 sont perdus, au décodage du signal on procède toujours à leur récupération de la trame passée.

- Dans le dernier cas, lorsqu'on perd jusqu'à quatre paquets successifs T11, T12, T13 ces trois trames seront récupérées à partir du paquet N°10. Ce paquet contient à la fois les informations sur la trame T10 codée à 2.4 kbps et celles concernant les trames suivantes T11, T12 et T13 où l'ensemble est codé à 1.2 kbps. La trame T14, sera récupérée d'une part à partir du paquet précédent et, d'autre part, par la méthode d'extrapolation.

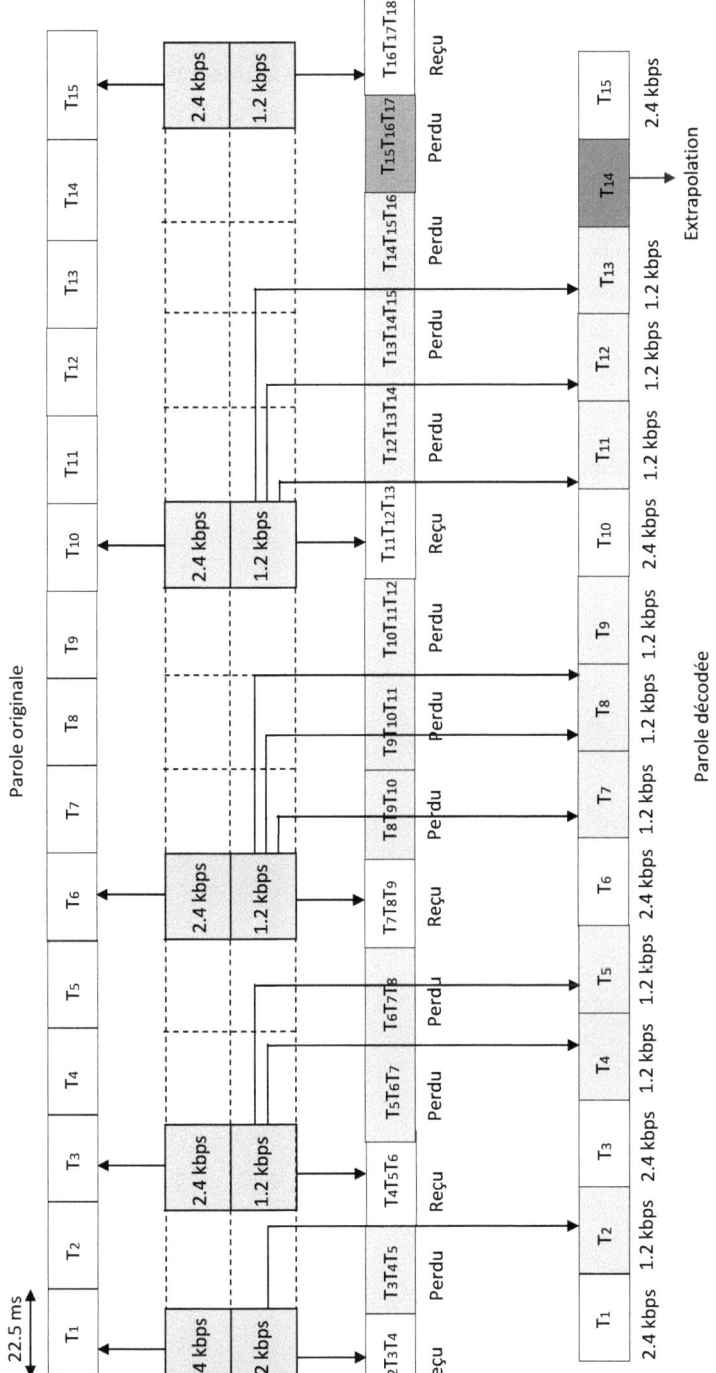

Fig. III.7. Processus de recouvrement de paquets basé sur la MDC [32].

Conclusion

Dans ce chapitre nous avons d'abord présenté quatre méthodes d'entrelacement utilisées en techniques de masquage des pertes de paquets d'information. Il s'agit des techniques portant sur *l'entrelaceur optimal de bloc de propagation, l'entrelaceur convolutif, l'entrelaceur convolutif décorrélée* et *l'entrelaceur par groupement*.

Nous avons ensuite présenté une méthode de codage *MDC*, mise au point au niveau du laboratoire basée sur les transformations qui permettent à la fois de générer les descriptions et de contrôler la redondance entre ces descriptions qui ont pour avantage de permettre une exploitation efficace de la redondance pour corriger une partie de l'erreur de quantification ou bien remplacer carrément cette trame lorsqu'elle est perdue.

Ces techniques s'appliquent naturellement aux transmissions sur des réseaux par paquets où les pertes sont aléatoires et indépendantes.

Dans le chapitre suivant on présentera les résultats obtenus en utilisant ces méthodes. Nous donnerons aussi une étude comparative entre *l'entrelacement* et la *MDC*.

CHAPITRE IV

Etude comparative entre entrelacement et MDC.
Résultats et évaluations.

Introduction

Nous présentons dans cette partie, notre étude comparative entre plusieurs méthodes de masquage de perte de paquets utilisant « l'entrelacement » ainsi qu'une autre méthode intitulée « description multiple », mise au point au sein de notre laboratoire [32]. Le but est de déterminer laquelle de ces méthodes assure une meilleure protection contre les pertes de paquets lors d'une transmission de la parole sur le réseau IP. Pour évaluer la qualité perceptuelle du signal reconstruit, nous avons choisi les méthodes objectives, connues sous le nom de PESQ (perceptual evaluation of speech quality). Rappelons que celle-ci a été décrite dans la recommandation P.862 de l'ITU-T (union internationale des télécommunications), elle est basées sur la modélisation de l'audition et tient compte de certaines caractéristiques de la perception humaine [48, 49].

Dans un premier temps, nous avons effectué une évaluation des performances du codeur MELP dans le cas où nous n'avons pas de perte. Par la suite, nous avons procédé à l'évaluation de l'application de l'entrelacement et de la MDC dans le cas ou nous avons respectivement un paquet perdu, deux paquets consécutifs perdus et trois paquets consécutifs perdus avec une variation du taux de perte. Les différents tests effectués et les résultats obtenus seront illustrés et commentés.

IV.1. Evaluation de la qualité perceptuelle de la parole

La qualité vocale peut être mesurée en utilisant des méthodes subjectives ou objectives. Les mesures subjectives utilisent souvent le MOS (Mean Opinion Square). Cependant cette procédure est lente et difficile à mettre en œuvre. Ainsi, les notes des participants pour une condition de test donnée sont moyennées pour obtenir la note moyenne d'opinion, qui permet d'exprimer l'effet subjectif sur l'évaluation de la qualité vocale. De plus, la perception de la qualité vocale dépend du contexte et de l'environnement dans lesquels est placée la personne qui juge. De même, l'environnement (bruit, informations visuelles ou sonores supplémentaires) influence le jugement de la qualité. Ainsi, les conditions à tester sont définies en fonction de l'objectif visé. Le participant est amené à évoluer dans un ou plusieurs contextes (écoute, locution et conversation).

IV.1.1. Evaluation perceptuelle de la qualité vocale (PESQ)

La méthode PESQ est utilisée pour la prédiction de la qualité subjective pour la téléphonie et pour les codeurs vocaux. Elle est destinée à évaluer l'influence de certains facteurs tels que la perte de paquets, le délai variable et les distorsions dues aux erreurs de canal et qui sont mal évaluées par les méthodes classiques (RSB, RSB segmental, distorsion spectrale, etc.).

La méthode PESQ est conçue pour comparer une version de référence (originale) à celle obtenue par synthèse à partir de cette référence, c'est le cas par exemple des dégradations que subit cette référence après transmission ou après une compression. L'idée de base du PESQ est de transformer les formes d'onde en une représentation perceptuelle, similaire à la représentation des paramètres utilisés par les vocodeurs à bande étroite. En d'autres termes, la différence entre les paramètres de ces représentations est évaluée à l'aide d'un modèle cognitif en vue d'estimer la distance de perception entre les deux signaux : le signal original et le signal synthétique (décodé) (figure IV.1). Le tableau IV.1 donne un aperçu des limites des évaluations de la qualité selon la recommandation P.862 [49] :

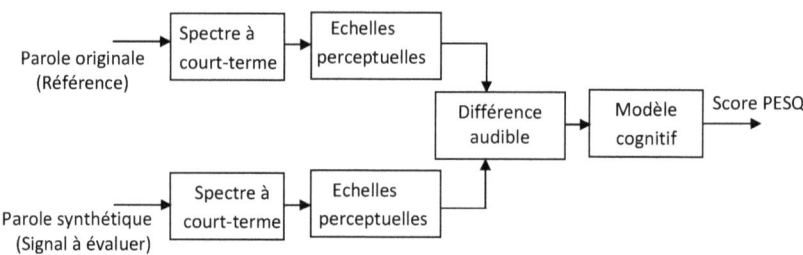

Fig. IV.1.Schéma synoptique permettant l'estimation la distance perceptuelle PESQ

Tab. IV.1.Limites des évaluations de la qualité de parole selon la recommandation P.862.

Valeur du PESQ	Evaluation de qualité de parole
3 ≤ PESQ ≤ 4	Très acceptable
2.5 ≤ PESQ < 3	Acceptable
2 ≤ PESQ < 2.5	Basse
PESQ < 2	Inacceptable (l'intelligibilité est perdue)

IV.2. Description des signaux de parole utilisés dans les tests

Pour tester et valider nos méthodes, nous avons utilisé un matériau linguistique formé de corpus multilingues. Le premier est composé de phrases arabes PAPE (Phrases Arabes Phonétiquement Equilibrées) conçues au niveau de notre laboratoire [50]. Ce corpus contient un total de 60 phrases, soit 10 phrases prononcées par 3 locuteurs féminins et 3 locuteurs masculins. La fréquence d'échantillonnage du signal parole des fichiers était de 10 kHz, nous avons dû effectuer un sous-échantillonnage de toute la base de données à 8 kHz, pour se mettre dans les conditions de la téléphonie. Pour les langues française et anglaise, nous avons utilisé les phrases célèbres, phonétiquement équilibrées : « la bise et le soleil » et « the sun and the wind».

IV.3. Evaluations des codeurs MELP implémentés

L'utilisation de codeurs pour transmettre de la voix sur un canal de communication induit une baisse de la qualité perçue. Cette baisse est due au mécanisme de compression des données utilisées. Par conséquent, pour chaque codeur, il y a un score PESQ maximal qui peut être obtenu. Il est évident que lorsque des dégradations apparaissent dans le réseau, ses performances doivent seulement être estimées par rapport à ce score maximum. Nous avons donc évalué les performances des codeurs MELP fonctionnant à 2.4 kbps et 1.2 kbps respectivement pour les locuteurs masculins et les locutrices. Nous résumons les résultats obtenus dans le tableau IV.2.

Tab. IV.2. Résultats des tests objectifs de deux codeurs MELP 2.4 kbps et 1.2.kbps.

	MELP à 2.4 kbps (PESQ)	MELP à 1.2 kbps (PESQ)
Locuteurs masculins	2.99	2.61
Locutrices féminines	2.89	2.33

D'après ces résultats, nous constatons que les scores PESQ obtenus sont meilleurs pour les locuteurs masculins que pour les locutrices, dans le cas des deux codeurs MELP. La perte de la qualité observée pour le MELP à 1.2 kbps comparativement au MELP à 2.4 kbps était prévue, vue les taux de compression utilisé dans les deux cas [32].

IV.4. Déroulement de tests

Cette section présente les simulations utilisées pour effectuer nos tests. Nous avons simulé différentes pertes de paquets pour introduire des dégradations au niveau du signal synthétique. Ces pertes ont été simulées de façon aléatoire par utilisation de la fonction RAND qui suit une loi de distribution uniforme. Le taux de perte des paquets est donné par la formule suivante :

$$\text{Taux} = \frac{\text{nombre de trames perdues}}{\text{nombre de total de trames}} \times 100 \qquad (IV.1)$$

Nous calculons aussi le score PESQ par comparaison des signaux de parole de sortie (synthétisés) avec ceux de parole de référence. Dans notre cas, nous donnons deux scores PESQ : le premier concerne le signal original et le signal synthétique ayant subi des pertes, le second concerne le signal original et celui synthétique après récupération des trame perdues grâce d'une part à l'entrelacement et, d'autre part, à la MDC. Nos tests consistent à faire neuf expériences pour chaque phrase. Pour chaque expérience nous avons calculé les valeurs obtenues lorsqu'on varie des taux de perte entre 0 et 30%. Au-delà, la qualité est jugée trop mauvaise. Ceci permet de bien montrer l'évolution de la qualité en fonction du taux de perte. Nous avons utilisé l'environnement pour la simulation. La figure IV.2 représente le schéma général de cette simulation.

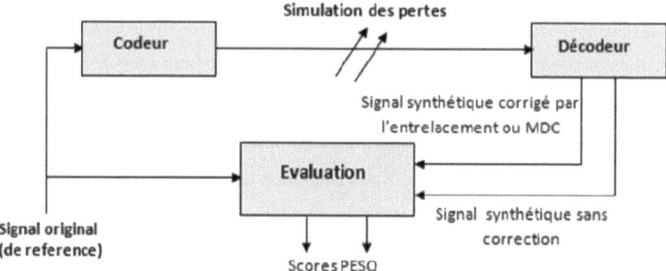

Fig. IV.2. Schéma de la simulation.

IV.5. Résultats d'implémentations, sur un exemple du signal de parole.

Les techniques d'entrelacement citées au chapitre précédent ont été implémentées et ont conduit aux résultats présentées dans les tableaux $(IV.3), (IV.4), (IV.5)$ et $(IV.6)$. Le PESQ sera mesuré pour des transmissions correspondant à des pertes de paquets consécutifs. Nous avons considéré des pertes de 1 ou 2 ou 3 paquets consécutifs, ces pertes peuvent se répéter sur la totalité du buffer du signal, provoquant une erreur globale donnée par le taux de pertes en %, représenté par la première colonne de ces tableaux. La figure IV.3 représente un exemple de la répartition des ces erreurs le long du buffer pour un taux de perte de 12%.

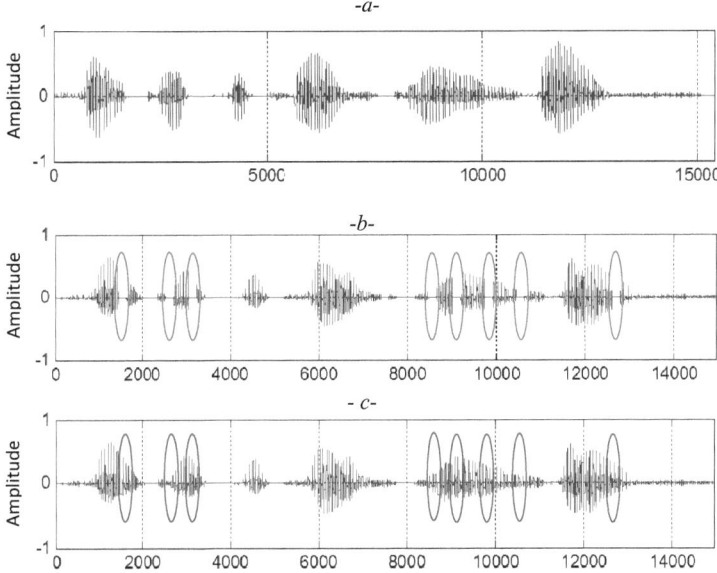

Fig. IV.3. Résultats obtenus par l'entrelaceur convolutif décorrélé sur phrase نمنم ماء اليوم

On observe : a) signal original,

        b) signal synthétique avec pertes aléatoires d'une trame sans entrelacement

        c) signal synthétique après entrelacement, pour les mêmes pertes.

- **Simulation de l'entrelaceur convolutif décorrélé**

Tab. IV.3. Résultats de simulation de l'entrelaceur convolutif décorrélé.

Taux de perte(%)	PESQ moyen du signal sans entrelacement			PESQ moyenne du signal avec entrelacement conv. décorrélé		
	1 paquet perdu	2 paquets perdus	3 paquets perdus	1 paquet perdu	2 paquets perdus	3 paquets perdus
0	2.89	2.89	2.89	2.89	2.89	2.89
5	2.55	1.89	1.71	2.70	2.85	2.30
10	2.21	1.28	1.01	2.50	2.49	2.08
15	2.14	0.93	0.57	2.25	2.23	1.90
20	1.95	0.64	0.60	2.21	1.82	1.57
25	1.71	0.56	0.44	2.18	1.69	1.57
30	1.48	0.38	0.20	1.83	1.36	1.02
Moyenne	2.13	1.22	1.06	2.36	2.19	1.90

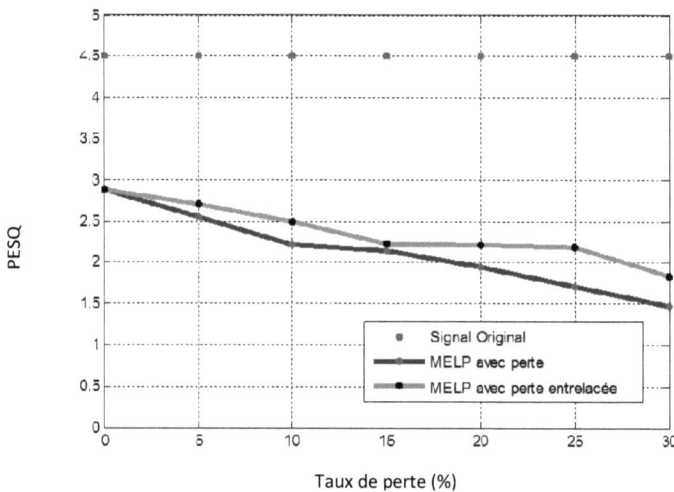

Fig. IV.4.a. Résultats obtenus par l'entrelaceur convolutif décorrélé lorsqu'on a un paquet perdu.

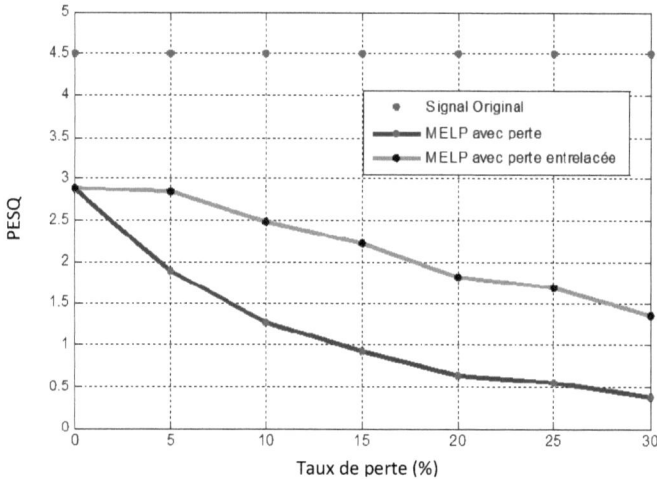

Fig. IV.4.b. Résultats obtenus par l'entrelaceur convolutif décorrélé lorsqu'on a deux paquets consécutifs perdus.

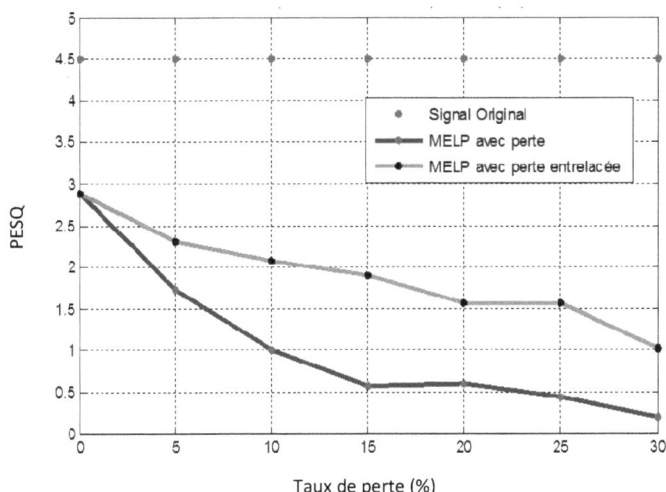

Fig. IV.4.c. Résultats obtenus par l'entrelaceur convolutif décorrélé lorsqu'on a trois paquets consécutifs perdus.

- **Simulation de l'entrelaceur convolutif**

Tab. IV.4. Résultats de simulation de l'entrelaceur convolutif.

Taux de perte(%)	PESQ moyenne du signal sans entrelacement			PESQ moyenne du signal avec entrelacement convolutif		
	1 paquet perdu	2 paquets perdus	3 paquets perdus	1 paquet perdu	2 paquets perdus	3 paquets perdus
0	2.89	2.89	2.89	2.89	2.89	2.89
5	2.55	1.89	1.71	2.87	2.29	2.21
10	2.21	1.28	1.01	2.88	2.00	2.12
15	2.14	0.93	0.57	2.59	1.59	1.42
20	1.95	0.64	0.60	2.26	1.67	1.37
25	1.71	0.56	0.44	1.55	1.32	0.83
30	1.48	0.38	0.20	1.31	1.06	0.75
Moyenne	2.13	1.22	1.06	2.33	1.83	1.65

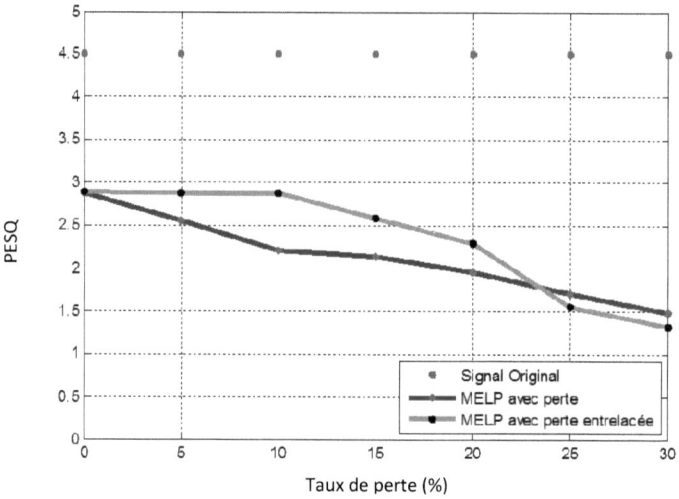

Fig. IV.5.a. Résultats obtenus par l'entrelaceur convolutif lorsqu'on a un paquet perdu.

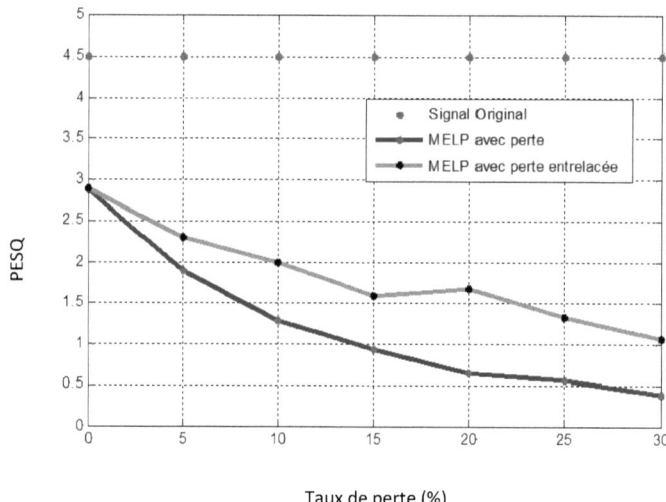

Fig. IV.5.b. Résultats obtenus par l'entrelaceur convolutif lorsqu'on a deux paquets consécutifs perdus.

CHAPITRE IV   Etude comparative entre l'entrelacement et la MDC. Résultats et évaluations

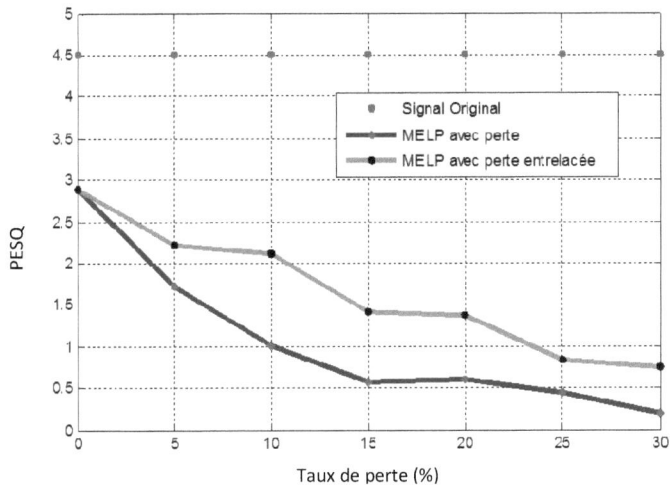

Fig. IV.5.c. Résultats obtenus par l'entrelaceur convolutif lorsqu'on a trois paquets consécutifs perdus.

- **Simulation de l'entrelaceur par groupement**

Tab. IV.5. Résultats de simulation de l'entrelacement par groupement

Taux de perte(%)	PESQ moyenne du signal sans entrelacement			PESQ moyenne du signal avec entrelacement par groupement		
	1 paquet perdu	2 paquets perdus	3 paquets perdus	1 paquet perdu	2 paquets perdus	3 paquets perdus
0	2.89	2.89	2.89	2.89	2.89	2.89
5	2.55	1.89	1.71	2.84	2.04	2.05
10	2.21	1.28	1.01	2.64	2.01	2.01
15	2.14	0.93	0.57	2.24	2.00	1.77
20	1.95	0.64	0.60	2.13	1.84	1.71
25	1.71	0.56	0.44	1.88	1.47	1.40
30	1.48	0.38	0.20	1.75	1.28	1.16
Moyenne	2.13	1.22	1.06	2.33	1.93	1.85

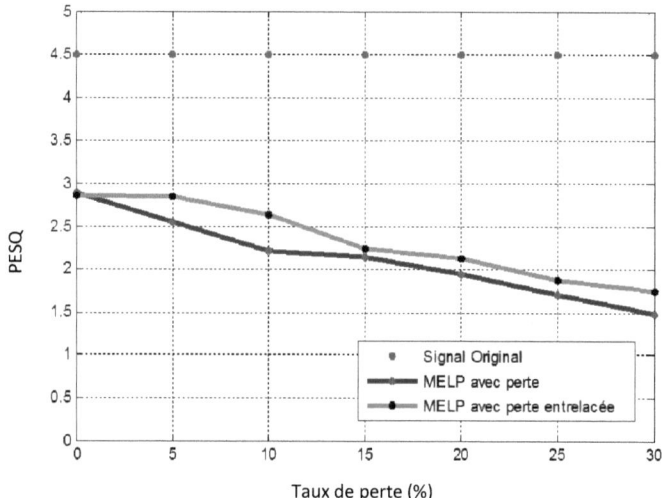

Fig. IV.6.a. Résultats obtenus par l'entrelacement par groupement lorsqu'on a un paquet perdu.

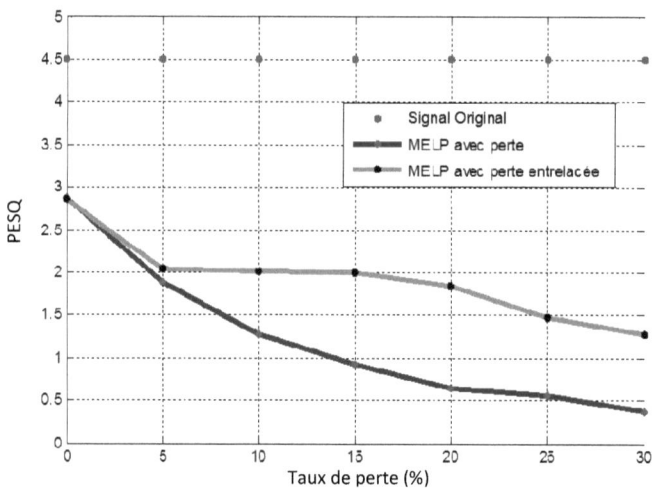

Fig. IV.6.b. Résultats obtenus par l'entrelacement par groupement lorsqu'on a deux paquets consécutifs perdus.

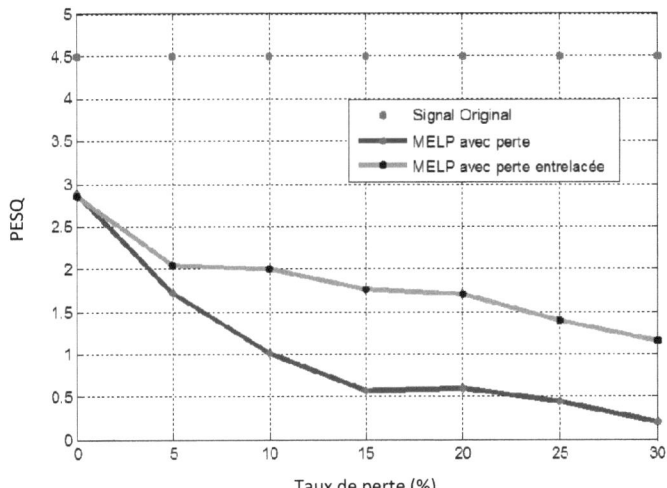

Fig. IV.6.c. Résultats obtenus par l'entrelacement par groupement lorsqu'on a trois paquets consécutifs perdus.

- **Simulation de l'entrelaceur optimal de bloc de propagation**

Tab. IV.6. Résultats de simulation de l'entrelaceur optimal de bloc de propagation.

Taux de perte(%)	PESQ moyen du signal sans entrelacement			PESQ moyenne du signal avec entrelacement optimal de bloc		
	1 paquet perdu	2 paquets perdus	3 paquets perdus	1 paquet perdu	2 paquets perdus	3 paquets perdus
0	2.89	2.89	2.89	2.89	2.89	2.89
5	2.55	1.89	1.71	2.84	2.42	2.35
10	2.21	1.28	1.01	2.64	2.20	2.22
15	2.14	0.93	0.57	2.44	2.10	1.99
20	1.95	0.64	0.60	2.18	1.77	1.71
25	1.71	0.56	0.44	1.80	1.47	1.40
30	1.48	0.38	0.20	1.75	1.32	1.22
Moyenne	2.13	1.22	1.06	2.36	2.02	1.96

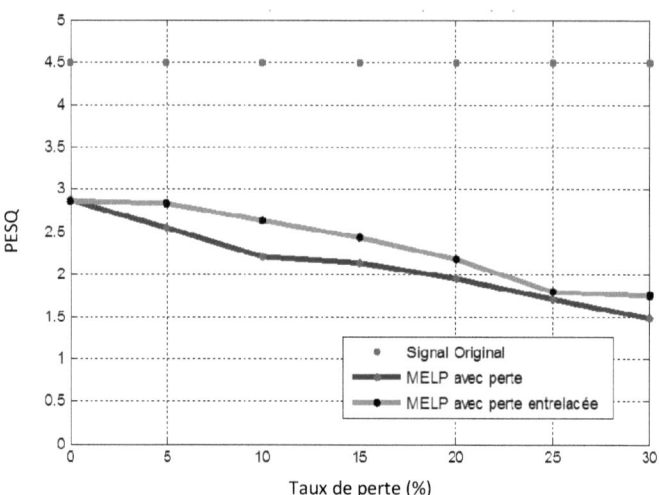

Fig. IV.7.a : Résultats obtenus par l'entrelaceur optimal de blocs de propagation lorsqu'on a un paquet perdu.

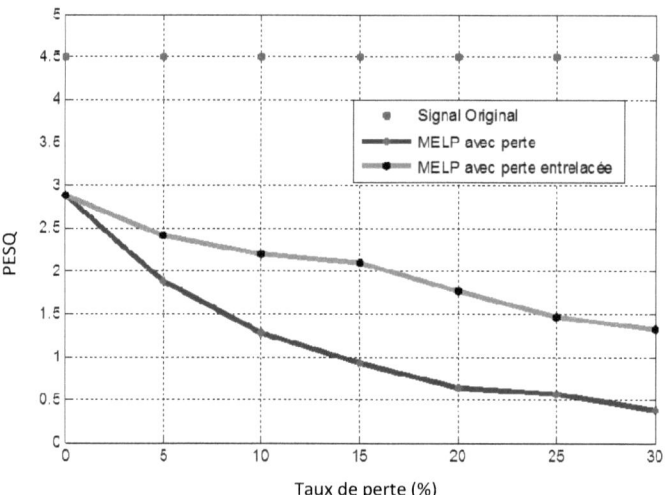

Fig. IV.7.b. Résultats obtenus par l'entrelaceur optimal de blocs de propagation lorsqu'on a deux paquets consécutifs perdus.

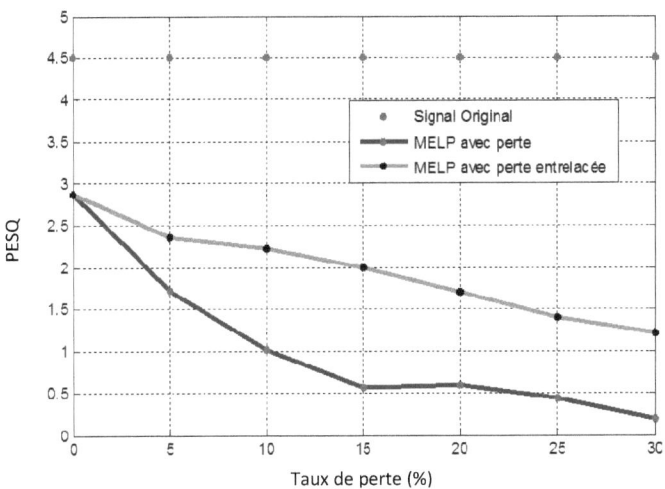

Fig. IV.7.c. Résultats obtenus par l'entrelaceur optimal de blocs de propagation lorsqu'on a trois paquets consécutifs perdus.

L'ensemble des résultats précédents, donnés à titre d'exemple, concernent les différentes méthodes d'entrelacement (cf. chapitre III). Nous avons pris en considération simultanément deux critères :
- La densité globale des pertes de paquets, allant de 0 à 30 %.
- La distribution des pertes de paquets, commençant par la perte d'un paquet, puis deux paquets consécutifs, et enfin trois paquets consécutifs.

Dans la section suivante, nous allons donner les performances des systèmes mis au point, déterminées sur toute la base de données

IV.6. Performances du codeur MELP 2.4 pour des différents types d'entrelacement

Les tableaux et les graphes présentés dans ce paragraphe donnent les taux de perte des trames pour toute la base de données. Ces taux sont chiffrés en fonction du taux de perte avant et après application des différents types l'entrelacement : *entrelacement optimal, entrelacement par groupement, entrelacement convolutif, entrelacement convolutif décorrélé*. Nous donnons à chaque fois la valeur moyenne des PESQ pour chaque méthode et pour chaque valeur du taux de perte. Les figures *IV.8, IV.9, IV.10* et les tableaux *IV.7, IV.8* et *IV.9*, représentent l'évolution des qualités observées en fonction des taux de perte des paquets sur les phrases du corpus, prononcées par des locuteurs masculins et féminins.

Tab. IV.7. PESQ obtenu par le MELP 2.4 avant et après application des techniques d'entrelacement, pour différents taux de perte et pour les locuteurs masculins.

Taux de perte (%)	Sans entrelacement	Convolution décorrélé	Convolution	Optimal	groupement
0	2.99	2.99	2.99	2.99	2.99
5	2.75	2.85	2.75	2.75	2.76
10	2.59	2.76	2.76	2.68	2.72
12	2.47	2.75	2.74	2.64	2.69
15	2.33	2.70	2.67	2.56	2.64
18	2.21	2.65	2.31	2.47	2.65
20	1.96	2.58	2.21	2.24	2.42
25	1.51	2.31	2.14	2.17	2.24
30	1.38	2.19	1.77	1.98	1.98

Tab. IV.8. PESQ obtenu par le MELP 2.4 avant et après application des techniques d'entrelacement, pour différents taux de perte et pour des locutrices.

Taux de perte (%)	Sans entrelacement	Convolution décorrélé	Convolution	Optimal	groupement
0	2.89	2.89	2.89	2.89	2.89
5	2.70	2.60	2.50	2.55	2.45
10	2.54	2.50	2.37	2.32	2.31
12	2.29	2.44	2.34	2.29	2.28
15	1.99	2.34	2.30	2.27	2.25
18	1.41	2.31	2.24	2.24	2.24
20	1.22	2.27	2.23	2.23	2.17
25	1.01	2.15	1.95	2.09	2.10
30	0.97	2.02	1.88	1.80	1.70

Tab. IV.9. PESQ obtenu par le MELP 2.4 avant et après application des techniques d'entrelacement, pour différents taux de perte et pour le cas combiné des locuteurs et locutrices.

Taux de perte (%)	Sans entrelacement	Convolution décorrélé	Convolution	Optimal	groupement
0	2.92	2.92	2.92	2.92	2.92
5	2.73	2.70	2.58	2.62	2.57
10	2.58	2.65	2.55	2.47	2.50
12	2.43	2.57	2.52	2.42	2.47
15	2.11	2.50	2.27	2.40	2.45
18	1.69	2.36	2.22	2.24	2.33
20	1.44	2.27	2.22	2.13	2.21
25	1.25	2.23	1.92	2.13	2.04
30	1.12	2.05	1.90	1.93	1.87

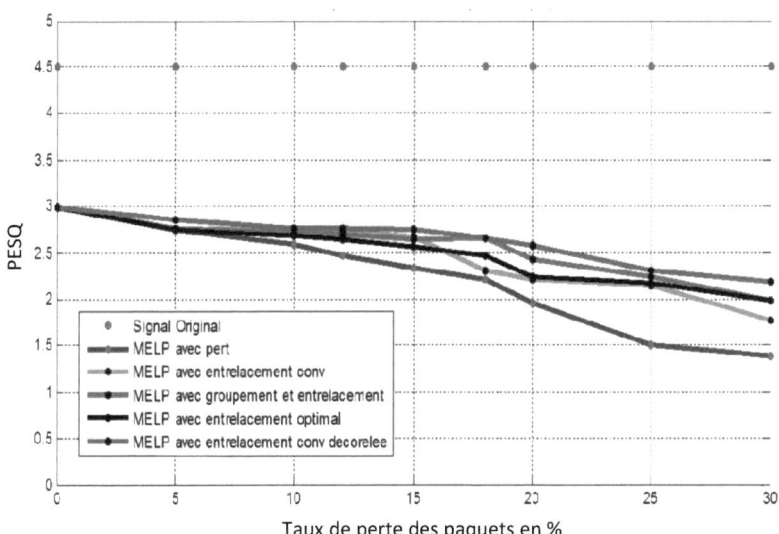

Fig. IV.8. Evolution des PESQ obtenus par le MELP 2.4 avant et après application des techniques d'entrelacement, pour différents taux de perte pour des locuteurs masculins.

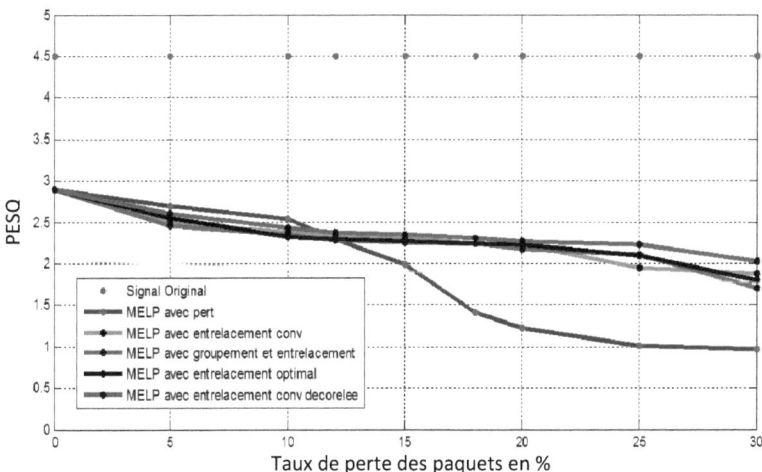

Fig. IV.9. Evolution des PESQ obtenus par le MELP 2.4 avant et après application des techniques d'entrelacement, pour différents taux de perte pour des locutrices.

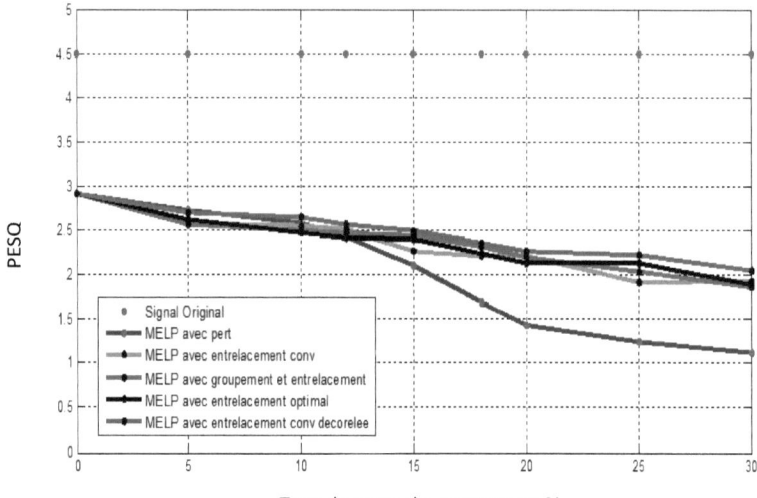

Fig. IV.10. Evolution des PESQ obtenus par le MELP 2.4 avant et après application des techniques d'entrelacement, pour différents taux de perte pour des locuteurs et locutrices.

Interprétations des résultats

D'après les résultats de la variation du PESQ obtenus et résumés dans les tableaux IV.10, IV.11 et IV.12 on observe que :

1- Pour les signaux masculins

- La méthode d'entrelacement dite *convolution décorrélée* ayant une moyenne de rehaussement de 0.4, se présente comme étant la meilleure méthode d'entrelacement par rapport aux autres techniques de même type: *entrelacement par groupement, entrelacement optimal* et *entrelacement convolutif*, ayant respectivement des moyennes de 0.32, 0.25 et 0.24 (tableau *IV.10*).
- L'entrelacement *convolutif* et l'entrelacement *optimal* ne commencent l'amélioration qu'à partir d'un taux de perte de 10% (figure *IV.8*) (valeur indiquée en verte) (tableau *IV.10*).
- Pour des taux de perte de 30% et après application des méthodes d'entrelacement dites *convolution, optimal* et *entrelacement par groupement* (figure *IV.8*), l'intelligibilité du signal se dégrade car les valeurs de PESQ sont inférieurs à 2 (cf. tableau IV.1).

2- Pour les signaux féminins:

- La méthode d'entrelacement *convolution décorrélée* présente une moyenne de rehaussement de 0.5. C'est encore une fois la meilleure méthode d'entrelacement comparativement aux techniques : *entrelacement par groupement*, *optimal* et *convolutif*, qui ont une moyenne de 0.37, 0.41et 0.41 respectivement (tableau *IV.11*).
- Pour les entrelacements appliqués au corpus féminins, on observe de faibles dégradations de notre signal original pour des taux de perte inférieurs à 12%. Cette dégradation reste visible jusqu'à 15% pour la méthode d'*entrelacement par groupement* (valeurs présentées par une couleur mauve), (tableau *IV.11* et figure *IV.9*).
- La méthode d'entrelacement optimal ne commence à rehausser notre corpus qu'à partir de taux de perte supérieurs à 12%.
- Après application des méthodes d'entrelacement *convolution*, *optimal* et *entrelacement par groupement*, notre signal commence à perdre son intelligibilité pour des taux de perte supérieurs à 25% (PESQ inférieur à 2), pour la méthode de *convolution* et à 30% pour la méthode d'*entrelacement par groupement* ainsi que pour la méthode dite *entrelacement optimal* (valeurs indiquées en jaune), (tableau *IV.11 et figure IV.9*).

3- Pour les signaux masculins et féminins:

- La méthode d'entrelacement *convolution décorrélée* ayant une moyenne de rehaussement de 0.44, se présente comme étant la meilleure méthode d'entrelacement comparativement aux techniques : *entrelacement par groupement*, *entrelacement optimal* et *entrelacement convolutif*, qui ont une moyenne de 0.34, 0.33, 0.31 respectivement (tableau *IV.12*).
- L'entrelacement appliqué au corpus masculin et féminin montre une dégradation du signal pour des taux de pertes supérieurs à 10%, pour la méthode de *convolution décorrélée*, à 12% pour la méthode de *convolution* et la méthode de *entrelacement par groupement*, et à 15% pour la méthode *optimale* (valeurs présentées par une couleur mauve), (tableau *IV.12* et figure *IV.10*).
- Après application des méthodes d'entrelacement : *convolution*, *optimal* et *entrelacement par groupement* notre signal commence à perdre l'intelligibilité pour des taux de pertes avoisinant les 30% (PESQ inférieurs à 2) (figure *IV.10*).

Tab. IV.10. (Δ PESQ) du MELP 2.4 kbps par l'utilisation des techniques d'entrelacement dans le cas des locuteurs masculins

	Taux de perte (%)	Convolution décorrélé	Convolution	Optimal	groupement
Masculin	0	0	0	0	0
	5	0.1	0	0	0.01
	10	0.17	0.17	0.09	0.13
	12	0.28	0.27	0.17	0.22
	15	0.37	0.34	0.23	0.31
	18	0.44	0.1	0.26	0.44
	20	0.62	0.25	0.28	0.46
	25	0.8	0.63	0.66	0.73
	30	0.81	0.39	0.6	0.6
Moyenne		**0.4**	**0.24**	**0.25**	**0.32**

Tab. IV.11. (Δ PESQ) du MELP 2.4 kbps par l'utilisation des techniques d'entrelacement dans le cas des locutrices.

	Taux de perte (%)	Convolution décorrélé	Convolution	Optimal	Groupement
Féminin	0	0	0	0	0
	5	-0.1	-0.2	-0.15	-0.25
	10	-0.04	-0.17	-0.22	-0.23
	12	0.15	0.05	0	-0.01
	15	0.35	0.31	0.28	0.26
	18	0.9	0.83	0.83	0.83
	20	1.05	1.01	1.01	0.95
	25	1.14	0.94	1.08	1.09
	30	1.05	0.91	0.83	0.73
Moyenne		**0.5**	**0.41**	**0.41**	**0.37**

Tab. IV.12. (Δ PESQ) du MELP 2.4 kbps par l'utilisation des techniques d'entrelacement dans le cas des locuteurs et locutrices.

	Taux de perte (%)	Convolution décorrélé	Convolution	Optimal	Groupement
Masculine + Féminine	0	0	0	0	0
	5	-0.03	-0.15	-0.11	-0.16
	10	0.07	-0.03	-0.11	-0.08
	12	0.14	0.09	-0.01	0.04
	15	0.39	0.16	0.29	0.34
	18	0.67	0.53	0.55	0.64
	20	0.83	0.78	0.69	0.77
	25	0.98	0.67	0.88	0.79
	30	0.93	0.78	0.81	0.75
Moyenne		**0.44**	**0.31**	**0.33**	**0.34**

IV.7. Comparaison entre l'entrelacement et la MDC

Les résultats donnés dans ce paragraphe montrant les taux de perte des trames chiffrés en fonction des valeurs du PESQ pour les trois cas c'est-à-dire avant et après application de la MDC comparés à la meilleure méthode d'entrelacement précédente. Nous donnons à chaque fois la valeur moyenne des PESQ, pour chaque valeur de taux de perte. Dans les tableaux IV.13, IV.14 et IV.15, nous résumons les résultats obtenus à la suite des tests effectués sur les phrases prononcées d'abord par des locuteurs masculins, puis par des locutrices et enfin en rassemblant les phrases des deux types de locuteurs. Les figures IV.11, IV.12 et IV.13, montrent l'évolution de la qualité observée en fonction des taux de perte des paquets.

Tab. IV.13. PESQ obtenu par le MELP avant et après application des techniques MDC et entrelacement, pour différents taux de perte dans le cas des locuteurs masculins.

Taux de perte de trame en %	MELP sans amélioration (PESQ)	MELP avec MDC (PESQ)	MELP avec entrelacement (PESQ)	Variation du PESQ	
				MDC	Entrelacement
0	2.99	2.99	2.99	0	0
5	2.75	2.9	2.85	0.15	0.1
10	2.59	2.8	2.76	0.21	0.17
12	2.47	2.74	2.75	0.27	0.28
15	2.33	2.68	2.7	0.35	0.37
18	2.21	2.52	2.65	0.31	0.44
20	1.96	2.44	2.58	0.48	0.62
25	1.51	2.35	2.31	0.84	0.8
30	1.38	2.26	2.19	0.88	0.81
Moyenne				**0.44**	**0.45**
Ecart type				**0.279**	**0.271**

Tab. IV.14. PESQ obtenu par le MELP avant et après application des techniques MDC et entrelacement, pour différents taux de perte dans le cas des locutrices.

Taux de perte de trame en %	MELP sans amélioration (PESQ)	MELP avec MDC (PESQ)	MELP avec entrelacement (PESQ)	Variation de PESQ	
				MDC	Entrelacement
0	2.89	2.89	2.89	0	0
5	2.7	2.8	2.6	0.1	0.1
10	2.54	2.69	2.5	0.15	0.04
12	2.29	2.57	2.44	0.28	0.15
15	1.99	2.39	2.34	0.4	0.35
18	1.41	2.2	2.31	0.79	0,90
20	1.22	2.12	2.27	0.9	1.05
25	1.01	2.05	2.15	1.04	1.14
30	0.97	1.98	2.02	1.01	1.05
Moyenne				**0.58**	**0.55**
Ecart type				**0.392**	**0.501**

Tab. IV.15. Evolution du PESQ obtenu par le MELP avant et après application de la technique
MDC et entrelacement, pour différents taux de perte dans le cas des locuteurs et des locutrices.

Taux de perte de trame en %	MELP sans amélioration (PESQ)	MELP avec MDC (PESQ)	MELP avec entrelacement (PESQ)	Variation de PESQ	
				MDC	Entrelacement
0	2.92	2.92	2.92	0	0
5	2.73	2.85	2.7	0.12	0.03
10	2.58	2.81	2.65	0.23	0.07
12	2.43	2.74	2.57	0.31	0.14
15	2.11	2.61	2.5	0.5	0.39
18	1.69	2.45	2.36	0.69	0.67
20	1.44	2.38	2.27	0.94	0.83
25	1.25	2.3	2.23	1.05	0.98
30	1.12	2.11	2.05	0.99	0.93
Moyenne				0.6	0.5
Ecart type				0.366	0.396

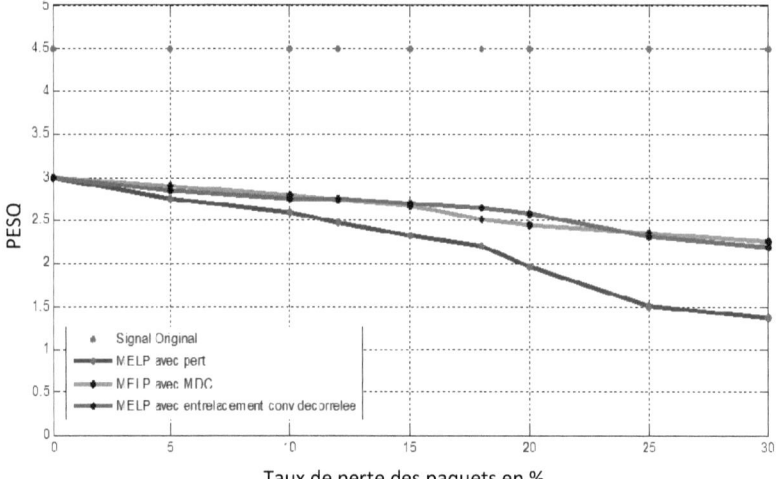

Fig. IV.11. Evolution des PESQ obtenus par le MELP 2.4 avant et après application des
techniques MDC et entrelacement, pour différents taux de perte pour des locuteurs.

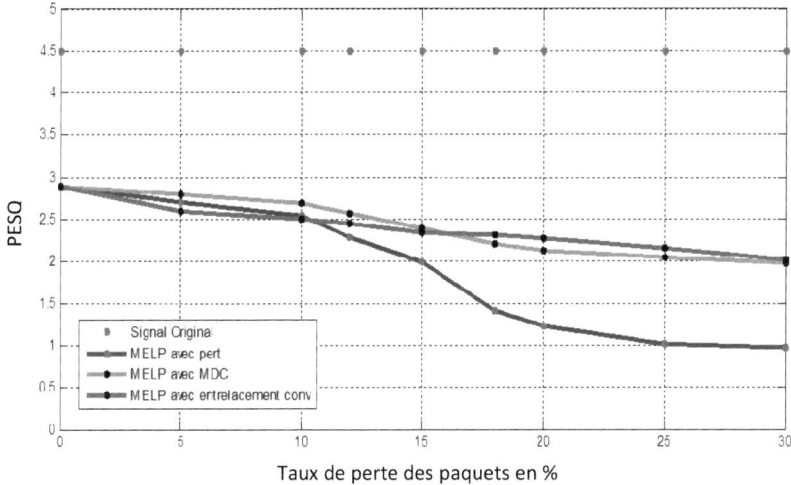

Fig. IV.12. Evolution des PESQ obtenus par le MELP 2.4 avant et après application des techniques MDC et entrelacement, pour différents taux de perte pour des locutrices.

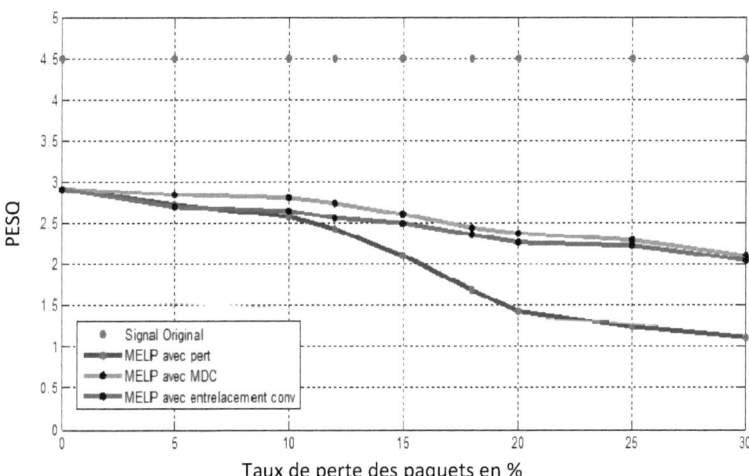

Fig. IV.13. PESQ obtenu par le MELP avant et après application des techniques MDC et entrelacement, pour différents taux de perte dans le cas des locuteurs et locutrices.

Interprétations des résultats

D'après les valeurs de la variation de PESQ obtenus et résumés dans les tableaux IV.13, IV.14 et IV.15, on observe que :

1- Pour les signaux masculins

- La méthode de masquage dite d'entrelacement à *convolution décorrélée* qui possède une moyenne de rehaussement de 0.45, se présente comme étant une méthode équivalente à la technique *MDC* qui a une moyenne de rehaussement 0.44 (tableau *IV.13*).
- La méthode d'entrelacement à *convolution décorrélée* montre cependant un meilleur comportement, comparativement à la méthode *MDC*, lorsque les taux de perte se situent entre 18% et 20%. Cette tendance s'inverse au-delà de 20% (tableau *IV.13* et figure *IV.11*).
- L'intelligibilité du signal est préservée pour les deux méthodes pour des taux allant jusqu'à 30% (PESQ supérieur à 2).

2- Pour les signaux féminins

- De même pour les signaux féminins (figure *IV.12*, tableau *IV.14*), la méthode de masquage d'entrelacement *à convolution décorrélée* ayant une moyenne de rehaussement de 0.55, se présente comme étant une méthode équivalente à la technique *MDC* qui a une moyenne de 0.58.
- La méthode d'entrelacement à *convolution décorrélée* appliquée au corpus féminin cause de faibles dégradations du signal pour des taux de perte inférieurs à 12%, par contre la méthode *MDC* montre une forte amélioration jusqu'à ce taux (*Figure IV.12*).
- La méthode d'entrelacement à *convolution décorrélée* montre une légère amélioration par rapport à la méthode *MDC* pour des taux de perte supérieurs à 15%.
- L'intelligibilité du signal est préservée pour les deux méthodes pour des taux avoisinant les 30% (PESQ supérieur à 2).

3- Pour les signaux combinés, masculins et féminins

- La méthode de masquage dite *MDC* ayant une moyenne de rehaussement de 0.60, se présente comme étant la meilleure méthode de masquage par rapport aux techniques d'entrelacement. En effet, la meilleure méthode dite *convolution décorrélée* donne une moyenne de rehaussement de 0.50 (*Tableau IV.15*).

- La méthode d'entrelacement *convolution décorrélée,* appliquée au corpus combiné masculins et féminins, cause de faibles dégradations de notre signal pour des taux de perte inférieurs à 5% (*Figure IV.13*).
- L'intelligibilité du signal est préservée pour les deux méthodes pour des taux avoisinant les 30% (*Figure IV.13*).

Conclusion

Dans ce chapitre, nous avons vu les résultats portant sur la qualité du rehaussement, obtenus par notre simulation sous de la VoIP, en utilisant le codeur MELP 2.4. Diverses méthodes d'entrelacement ont été expérimentées. Ces méthodes ont été comparées d'abord entre elles et la meilleure méthode d'entrelacement a été comparée à la méthode de codage par descriptions multiple dite MDC déjà réalisée au laboratoire.

En effet, à la faveur de cette étude, nous pouvons conclure que la méthode dite d'entrelacement à *Convolution décorrélée* se présente comme étant la meilleure méthode d'entrelacement, comparativement aux autres techniques d'entrelacement expérimentées, à savoir : *entrelacement par groupement, entrelacement optimale* et *entrelacement convolutive.*

Nous pouvons aussi conclure que les performances de la technique MDC montrent qu'elle apporte une amélioration importante de la qualité perceptuelle, essentiellement lorsque les taux de perte sont inférieurs à 12%, comparativement à la méthode d'entrelacement *convolutive décorrélée*, mais, au delà de 12%, les deux méthodes sont équivalentes.

Conclusion générale

Dans ce travail, nous avons présenté une étude comparative entre deux méthodes PLC pour combattre les pertes de paquets, l'une intitulée *MDC* qui utilise deux codeurs MELP, le premier servant à la transmission sur un réseau IP de la parole codée sur 2.4 kbps. Le second fonctionnant à 1.2 kbps est ajouté au premier dans un même paquet. Un paquet contient donc deux codeurs MELP organisés selon le principe d'une technique dite description multiple ou *MDC*. Quatre autres techniques appartenant à la famille *d'entrelacement* qui utilise un codeur MELP fonctionne à 2.4 kbps. Ces méthodes seront appliquées au codeur de parole MELP, en vue d'augmenter sa robustesse et réduire l'effet de pertes de l'information lors de la transmission de la parole sur un réseau IP.

Les résultats de notre simulation ont montré que la méthode dite d'entrelacement à *Convolution décorrélée* se présente comme étant la meilleure méthode d'entrelacement comparativement aux autres techniques d'entrelacement expérimentées, à savoir : *entrelacement par groupement, optimal* et *convolutif*. Notre étude montre que l'entrelacement à *convolution décorrélée* pour une application VoIP rehausse la qualité de 0.3 lorsqu'on a un paquet perdu, de 0.97 lorsque on a deux paquets consécutifs perdus et de 0.84 lorsqu'on a trois paquets consécutifs perdus, pour des taux de perte allant jusqu'à 30%.

La méthode d'entrelacement dite *convolution décorrélée* ayant une moyenne de rehaussement de 0.4, pour les signaux masculins, de 0.5 pour les signaux féminins et de 0.44 pour les signaux mixte, se présente comme étant la meilleure méthode d'entrelacement par rapport aux autres techniques: *groupement et entrelacement, optimale* et *convolutive*, et qui ont des moyennes de 0.32, 0.25 et 0.24 respectivement pour les signaux masculins et de 0.37, 0.41 et 0.41 respectivement pour les signaux féminins et de 0.34, 0.33, 0.31 respectivement pour les signaux mixtes.

A la faveur de cette étude, nous pouvons conclure que la méthode dite d'entrelacement à *Convolution décorrélée* et la méthode *MDC* peuvent rehausser notre signal jusqu'à 081 et 0.88 respectivement pour les signaux masculins ; de 1.05 et 1.04 respectivement pour les signaux féminins et de 0.98 et 1.05 pour les signaux mixtes.

Nous pouvons aussi conclure que la technique *MDC* apporte une amélioration importante de la qualité perceptuelle, essentiellement lorsque les taux de perte sont inférieurs à 12 %, comparativement à la méthode d'entrelacement *convolutive décorrélée*. Au delà de 12%, les deux méthodes se présentent comme étant des méthodes équivalents.

La méthode d'entrelacement est implémentée sur un codeur MELP fonctionnant à 2.4 Kbits/s tandis que la méthode de rehaussement dite *MDC*, elle est implémentée en utilisant deux codeurs MELP, le premier fonctionne à 2.4 Kbits/s et le second à 1.2 Kbits/s. Ceci provoque une occupation importante de la bande passante due à la redondance provoquée par le deuxième codeur et à la haute complexité d'implémentation comparativement à la méthode d'entrelacement à convolution décorrélée.

En perspective à ce travail, nous suggérons une implémentation de ces techniques sur DSP pour les dérouler en temps réel sur des réseaux VoIP. Il serait aussi intéressant d'expérimenter d'autres techniques récentes telles que les protocoles d'amélioration VoIP *Diffserv* et le *MPLS* et comparer les résultats obtenus à nos méthodes considérées à Best-effort.

Bibliographie

[1] *P. Mehta, S. Udani*, "Voice over IP Sounding good on the Internet", IEEE Potentials Magazine, pp. 36-40, October /November 2001.

[2] *L. Ouakil et G. Pujolle*, " Téléphonie sur IP ''. Edition groupe Eyrolles, 2008.

[3] *H. Sengar, R. Dantu, D. Wijesekera and S. Jajodia*, "SS7 Over IP: Signaling Interworking Vulnerabilities ", IEEE Network Magazine, November/December 2006.

[4] *A. Delley,* "Voix et multimedia sur IP", pp.3-6, EPFL, 21, janvier 2003.

[5] *J. Davidson, J. Peters, M. Bhatia, S. Kalidindi et S. Mukherjee* "Voice over IP Fundamentals". Edition Cisco Press, 2006.

[6] *G. Madre*, "Application de la Transformée en Nombres Entiers à l'étude et au Développement d'un Codeur de Parole pour Transmission sur Réseaux IP''. Thèse de doctorat Université de Bretagne Occidentale, 2004.

[7] *T. M. T. Nguyen*, "Service level negotiation for heterogeneous IP-based network". Thèse de doctorat, université de Paris VI, 2003.

[8] *ITU-T, REC*. "G.114 Temps de transmission dans un sens", 2003.

[9] *A. Nagle*, "Enrichissement de la Conférence audio en Voix sur IP au travers de l'amélioration de la qualité et de la spatialisation sonore'' Thèse de doctorat, Paris-Tech, 2008.

[10] *C. Perkins, O. Hodson, et V. Hardman*, "A Survey of Packet Loss Recovery Techniques for Streaming Audio". pp.40-48, IEEE Network Magazine, September/October 1998.

[11] *T. Chua et David C. Pheanis*, "QoS Evaluation of Sender-Based Loss-Recovery Techniques for VoIP", pp.14-22, IEEE Network Magazine, November/December 2006.

[12] *M. Y. Kim*, "Source and Channel Coding for Audiovisual Communication Systems", Thèse de doctorat, Royal Institute of Technology (KTH), 2002.

[13] *A. Li, J. Fahlen, T. Tian, S.Y. Kim, J.H. Park, Y.L. Lee, et J. Villasenor*, "Simulation results of ULP for transmission over error prone channels", ITU-T Documentation AVD-2097, 2001.

[14] *W. Stanislaus, G. Fairhurst, J. Radzik* " Cross layer techniques for flexible transport protocol using UDP-Lite over a satellite network", Proc. of IEEE International Symposium on Wireless Communication Systems, 5-7 Sept. 2005.

[15] *W.T. Liao, J.C. Chen, et M.S. Chen* ,"Adaptive Recovery Techniques for Real-Time Audio Streams", Joint Conference of the IEEE Computer and Communications Societies. Proceedings, vol. 2, pp.815-823, April 2001.

[16] H. Sanneck: A. Stenger, K. Ben Younes, B. Girod, "A New Technique for Audio Packet Loss Concealment", Proc. Global Telecomm. Conf. pp.48-58, IEEE, 18-22 Nov. 1996.

[17] Y. L. Chen and B. S. Chen, "Model-based multirate representation of speech signals and its application to recovery of missing speech packets," IEEE Trans. Speech and Audio Processing, vol. 15, no. 3, May 1997, pp. 220–31.

[18] S. Hayashi, M. Suguimoto, Erinnoviar, "Low bit-rate CELP speech coder with low delay", Signal Processing 72, Elsevier, 1997.

[19] M. R. Schroeder et B. S. Atal, "Code-excited linear predictive (CELP) : High quality speech at very low bit rates," Proc. IEEE Int. Conf. on Acoustics, Speech, Signal Processing, pp. 937-940, March 1985.

[20] B. S. Atal et J. R. Remde, "A new model of LPC excitation for producing natural sounding speech at low bit rates," Proc. IEEE Int. Conf. on Acoustics, Speech, Signal Processing, Paris, pp. 614-617, May 1982.

[21] P. Kroon, E. F. Deprettere, et R. J. Sluyter, "Regular-Pulse Excitation: A novel approach to effective and efficient multi-pulse coding of speech," IEEE Trans. Acoustics, Speech, Signal Processing, vol. ASSP-34, pp. 1054-1063, Oct. 1986.

[22] J-P. Adoul et C. Lamblin, "A comparaison of some algebraic structures for CELP coding of speech", Conf. IEEE on Acoustics, Speech, Signal Proces, pp. 1953-1956, 1987.

[23] N. Naja, "Construction de dictionnaires et Quantification vectorielle pour les codeurs de parole LSP-CELP", Doctorat de l'Université de Rennes I, Mention Traitement du Signal et Télécommunications, Juin 1994.

[24] C. Laflamme, J-P Adoul,H. Y. Su et S. Morissette, "On Reducing Computational Complexity of Codebook Search in CELP Coder Throught the Use of Algebraic Codes", Proc IEEE Int. Conf. Acoustics, Speech, Signal Processing, p. 177-180, 1990.

[25] I. Gerson et M. Jasiuk, "Vector Sum Excited Linear Prediction (VSELP) Speech Coding at 8 KBS", Proc IEEE Int. Conf. Acoust., Speech, Signal Processing, p. 461-464, 1990.

[26] G. Baudoin, "Codage de la parole à bas et très bas débit transformation de la voix". Mémoire d'habilitation à diriger des recherches, université Marne La vallée, 2000.

[27] Edward J. Daniel et Keith A. Teague, ''Federal Standard 2.4 kbps MELP over IP''. IEEE Transactions of Acoustics, Speech and Signal Processing, 2000.

[28] W. C. Chu, "Speech Coding Algorithms Foundation and Evolution of Standardized Coders''. Wiley & SONS INC, 2004.

[29] J.Stachurski, A. McCree, et V.Viswanathan, "high quality MELP coding at bit-rates around 4 kb", Proc IEEE Int. Conf. Acoust., Speech, Signal Processing, pp.485-488, 15-19 Mars, 1999.

[30] T. Wang, K. Koishida, V. Cuperman et A. Gersho, "A 1200 bps Speech Coder Based on MELP''. Proceedings of IEEE, pp.III-1375-1378, 2000.

[31] *T. Wang, K. Koishida*, "A 1200/2400 Bps Coding Suite Based on MELP", Speech Coding, 2002, IEEE Workshop Proceedings, pp.90-92, Octobre 2002.

[32] *M. Saidi* "codage par description multiple en MELP pour la VoIP". Mémoire magister, année 2010, laboratoire LCPT université USTHB.

[33] *V. Krishnan*, "A Framework for Low bit-rate Speech Coding in Noisy Environment''. Thèse de doctorat, Institute de Technologies de Georgia, 2005.

[34] *A. McCreel, K.Truong, E. Bryan George, T. P. Barnwell et V. Vzswanathanl*, ''A 2.4 kbps MELP coder candidate for the new U. S. Federal Standard'', Transactions on Speech and Audio Processing, 1996.

[35] *W. C. Chu*,"Speech Coding Algorithms Foundation and Evolution of Standardized Coders''. Wiley & SONS INC, 2004.

[36] *L. Arslan, A. McCree, et V. Viswanathan*, "New Methods for Adaptive Noise Suppression ''. Proceedings of IEEE ICASSP, pp. 812-815, 1995.

[37] *L.M. Supplee, R. P. Cohn, J. S. Collura, A. McCree*, 'MELP: The new federal standard at 2400 bps". IEEE International Conference on Acoustics Speech and Signal Processing, ICASSP, pp.II-1591-1594, 1997.

[38] *T.T.Teo, E.C.Tan*,"Real time implementation of MELP vocoder". Journal of the Institution of Engineers , Singapore Vol. 44 Issue 3, 2004.

[39] *K. Andrews, C. Heegard, et D. Kozen*,"A theory of interleavers", Technical report 97-1634, Computer Science Department, Cornell University, June 1997.

[40] *Yun Q. Shi, X. Min Zhang, Zhi-Cheng Ni, et N.Ansari* "Interleaving for Combating Bursts of Errors". IEEE Circuits and Systems Magazine, 2004.

[41] *Milner B.P, James A.B*. "Analysis and compensation of packet loss in distributed speech recognition using interleaving", pp.1947- 1950, ISCA-SPEECH. September 1-4, 2003.

[42] *Milner B.P, James A.B*, "A Comparison of Efficient Interleaver Designs for Real Time Distributed Speech Recognition , ASIDE, November 10-11. 2005.

[43] *Milner B.P, James A.B*, "An analysis of interleavers for robust speech recognition in burst-like packet loss". pp.853-856, Proc.ICASSP, 2004.

[44] *Gal Richard, E.Ravelli et L. Daudet*, "Union of MDCT Bases for Audio Coding", IEEE Transactions on audio, speech, and language processing, vol.16, pp.1361-1372. No. 8, November 2008.

[45] *V. K. Goyal, J. Kovaeevi, et J. A. Kelner*, "Quantized frame expansions with erasures". Applied and Computational Harmonic Analysis", vol. 10, pp. 203–233, 2001.

[46] *X. Zhong et B.H. Juang*, "Multiple description speech coding with diversities". In ICASSP, vol. 1, pp. 177–180, 2002.

[47] E. Orozco, S. Villette et A. Kondoz, "Multiple Description Coding for Voice over IP using Sinusoidal Speech Coding". Proceedings of IEEE, ICASSP, 2006.

[48] *ITU-T, Recommendation P.862*, "Perceptual evaluation of speech quality (PESQ), an objective method for end-to-end speech quality assessment of narrowband telephone networks and speech codecs". 2001.

[49] R. Beuran, " Mesure de la qualité dans les réseaux informatiques". Thèse de doctorat, université de Jean Monnet St Etienne, 2004.

[50] *M. Boudraa, B. Boudraa, B. Guérin*. "Twenty lists of Ten Arabic Sentences for Assessment". Acustica, vol. 86, pp. 870-882, 2000.

Résumé

La VoIP devient une alternative crédible aux réseaux téléphoniques traditionnels. Le système VoIP doit offrir la même fiabilité et la même qualité de voix. Dans les réseaux à commutation de paquets, une bonne qualité de la Voix de bout-en-bout (end-to-end) dépend principalement des facteurs de qualité de service (QoS). Ces facteurs ne sont pas garantis par le réseau Internet qui fournit un service d'acheminement des paquets avec un meilleur effort «Best-Effort». Parmi ces facteurs, nous pouvons citer le type de codec de la voix, le retard de bout en bout, la gigue et la perte des paquets.

Dans un système VoIP, au niveau du récepteur, certains paquets peuvent manquer, cette perte de paquets dégrade la qualité de la voix et se traduit par des ruptures au niveau de la conversation et une impression de hachure de la parole. Il est, par conséquent, indispensable de mettre en place un mécanisme de dissimulation de ces pertes. Plusieurs algorithmes de masquage des pertes de paquets appelés aussi PLC (Packet Loss Concealment) sont utilisés aussi bien au niveau de l'émetteur qu'au niveau du récepteur.

Notre travail consiste à mettre au point deux codeurs MELP fonctionnant respectivement à 1.2 kbit/s et à 2.4 kbit/s. Nous apportons ensuite des améliorations à ces codeurs par l'implémentation de techniques de dissimulation des trames perdues basées sur le récepteur. Ces techniques consistent en l'entrelacement des trames d'information. A cet effet, nous avons d'abord effectué une étude comparative de plusieurs méthodes d'entrelacement. Par la suite, nous avons étendu cette comparaison à une méthode déjà mise au point au sein de notre laboratoire, intitulée codage par descriptions multiples (MDC). Pour cela, nous avons utilisé la technique d'évaluation normalisée par ITU-T et appelée PESQ (*Perceptual Evaluation of Speech Quality*).

Les tests prouvent que la méthode d'entrelacement *à convolution décorrélée* se présente comme étant la meilleure méthode d'entrelacement par rapport aux autres techniques de même type: *entrelacement par groupement, entrelacement optimal* et *entrelacement convolutif*. Nous avons aussi noté que la technique MDC, apporte une amélioration importante de la qualité perceptuelle et se présente comme étant une meilleure méthode comparativement à la technique de l'entrelacement *à convolution décorrélée* essentiellement lorsque les taux de perte sont inférieurs à 12 %, au delà de ce pourcentage, les deux méthodes sont équivalentes les unes aux autres.

Abstract

VoIP is becoming a credible alternative to traditional telephone networks. The VoIP system must provide the same reliability and the same voice quality. In packet switched networks, a good quality of the Voice End-to-end depends primarily on factors of quality of service (QoS). These factors are not guaranteed by the Internet that provides a routing service packages with a "best-effort". Among these factors, we can mention the type of voice codec, the end-to-end delay, jitter and packet loss.

In a VoIP system, at the receiver, some packages may be missing; the packet loss degrades the voice quality and results in breaks in the conversation and a sense of the word hatch. It is therefore essential to establish a mechanism to conceal the losses. Several algorithms for packet loss concealment also called PLC are used at both the transmitter at the receiver.

Our work is to develop two MELP coder operating respectively at 1.2 kbit/s and 2.4 kbit/s. We then introduce improvements to these encoders by the implementation of techniques of concealment of lost frames based on the receiver. These techniques consist of interleaving of information's frames. Thus, we first performed a comparative study of several methods of interleaving. Subsequently, we extended this comparison to a method previously developed in our laboratory, called multiple description coding (MDC). For this, we used the technique standardized assessment by ITU-T and called PESQ (Perceptual Evaluation of Speech Quality).

Tests show that the method called *decorrelated convolutional interleaver* introduces itself as the best method of interleaving over other similar techniques: *interleaving by grouping*, *optimal interleaving* and *convolutional interleaving*. We also noted that the technique *MDC* provides a significant improvement in perceptual quality and purports to be a better method compared to the technique of *decorrelated convolutional interleaver* essentially when loss rates are below 12%, beyond this percentage, the two methods are equivalent to each other.

ملخص

مهمتنا في هذا العمل هو تطوير المشفر MELP الذي يعمل على التوالي عند 2.4 كيلوبت / ثانية و 1.2 كيلوبت / ثانية حيث نقوم بإدخال تحسينات على هذه المشفر من خلال تنفيذ تقنيات الإخفاء لحزمت المعلومات التي فقدت أثناء الإرسال وذلك استنادا على المتلقي. هذه التقنيات تتألف من التداخل لحزمات المعلومات وذلك بتغير ترتيب تسلسلها قبل الإرسال, تحقيقا لهذه الغاية، أجرينا أول دراسة بمقارنة عدة أساليب من التداخل . بعد ذلك، وسعنا هذه المقارنة مع طريقة كانت قد سبق وضعها في المختبر، تدعا الترميز بالوصف المتعددة (MDC). لهذا الغرض استعملنا طريقة تقييم جودة الكلام تدعى PESQ , الموحدة من طرف منظمة ITU-T.

التجارب تدل على أن طريقة التداخل المسماة decorrelated convolutional interleaver هي أفضل طريقة التداخل من كل التقنيات الأخرى interleaving by grouping, optimal interleaving و convolutional interleaving. لاحظنا أيضا أن تقنية الترميز بالوصف المتعدد (MDC) تعطي تحسنا كبيرا في جودة الكلام مقارنة مع طريقة التداخل المسماة decorrelated convolutional interleaver عندما تكون معدلات الضياع أقل من 12%، فوق هذه النسبة، الطريقتان مكافئتان لبعضهما البعض.

Oui, je veux morebooks!

i want morebooks!

Buy your books fast and straightforward online - at one of world's fastest growing online book stores! Environmentally sound due to Print-on-Demand technologies.

Buy your books online at
www.get-morebooks.com

Achetez vos livres en ligne, vite et bien, sur l'une des librairies en ligne les plus performantes au monde!
En protégeant nos ressources et notre environnement grâce à l'impression à la demande.

La librairie en ligne pour acheter plus vite
www.morebooks.fr

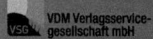

VDM Verlagsservicegesellschaft mbH
Heinrich-Böcking-Str. 6-8   Telefon: +49 681 3720 174   info@vdm-vsg.de
D - 66121 Saarbrücken   Telefax: +49 681 3720 1749   www.vdm-vsg.de

Printed by Books on Demand GmbH, Norderstedt / Germany